U0878618

遇见健康快乐的自己

遇见全新的自己

YUJIAN JIANKANG KUAILE DE ZIJI

马季 著
MaJi

内蒙古文化出版社

图书在版编目（CIP）数据

遇见健康快乐的自己 / 马季著 . —呼伦贝尔：内蒙古文化出版社，2017.9

ISBN 978-7-5521-1346-4

Ⅰ . ①遇… Ⅱ . ①马… Ⅲ . ①人生哲学—通俗读物 Ⅳ . ① B821-49

中国版本图书馆 CIP 数据核字（2017）第 236048 号

遇见健康快乐的自己

马季　著

总 策 划　丁永才　崔付建

责任编辑　王　春

特约校对　文　樞

出版发行　内蒙古文化出版社

（呼伦贝尔市海拉尔区河东新春街 4 付 3 号）

印刷装订　三河市华东印刷有限公司

开　　本　880 毫米 ×1230 毫米　1/32

印　　张　7　　字　　数　180 千

版　　次　2017 年 9 月第 1 版

印　　次　2021 年 1 月第 2 次印刷

书　　号　ISBN 978-7-5521-1346-4

定　　价　29.80 元

版权所有　翻印必究

前言

今日之世界，有越来越多的人因为繁忙而陷入无限的迷茫中。很多时候，我们不知道自己想要的是什么，我们不知道什么样的人生才能让我们满足，我们不知道人活着的意义是什么……总是在不停地追逐、不停地拼搏，一刻也不让自己停息！

甚至对美好的感情，我们也没有足够的信心，失去了足够的勇气。总之，我们给自己的心理承载了太多的负担——不必要的禁忌、消极的思想、阴郁的情绪以及时时困扰心灵的焦虑等等，而我们自己却浑然不觉。

其实，做一个健康快乐的自己并不难，建立一种积极向上的人生观，就已经成功了一半。至于其他，靠我们在日常生活中慢慢体会和感悟，便能够达到自己所追求的状态和境界。

做一个健康快乐的自己一定要懂得知足。快乐是自己给的，其实很多时候我们的失落往往源于对自己的要求太高，因而造成巨大的心理压力，每天背着很大的包袱过日子又怎么可能快乐起来呢？适当地给自己减压，不要有不切实际的幻想；看看周围的人，你就会发现原来大家都是如此平凡但幸福地生活着。我们努力学习和工作的终极目的，就是有一个幸福而完美的人生。

做一个健康快乐的自己一定要懂得感恩。其实，只要用心去感觉周围的世界，你会发现有太多的美好是无法言说的，我们能生活在这个世界上本身就是一种幸福。当你早晨醒来打开窗户，暖暖的阳光温柔地洒在你身上的时候，是否感受到了生活的活力？当你投身大自然，看着高山流水，是否觉得自己也融入其中了呢？

做一个健康快乐的自己一定要懂得珍惜。珍惜身边的每一个人，珍惜生命中发生的每一件事，珍惜亲情、珍惜友情、珍惜爱情，珍惜生命中的每一次经历。由此，人的生活才会变得完整，人才会更了解生命的意义，也正因为有了这样的心情，我们才会享受生活，分享快乐。

做一个健康快乐的自己一定要懂得宽容。试想谁愿意跟一个斤斤计较的人交朋友呢？其实宽容真的是一种美德，当你原谅了某人的过错，他也许会因此感激你一生，也许一段真挚的友谊将从此开始，就算没有，你也没有什么损失。相反，生气是用别人的错误来惩罚自己，以怨报怨更是愚不可及。

说到底，健康快乐是一种心态，只要想快乐，任何人都可以做得到。只要你不那么固执、不那么计较，只要你对这个世界存有一份美好的感恩之心，只要你珍惜身边的每个人，只要你有一颗善良包容的心，获得快乐其实可以变得很简单，这个世界也可以变得比现在更美好。

第三篇　学会自然的放弃

第四篇　享受自然的恩赐

第五篇 感悟自然的启示

第六篇 投入自然的怀抱

第一篇　倾听自然的声音

随机应变

世事无常，世事多变。每个人，无论贫穷与富贵，未来总是不确定的，明天会发生什么事情，苦与乐，谁都无法把握。因为，未来的一切总是变化的。

没有人能确定何时会变、怎么变，变化很少事先发出警告。面对变化，与其抗拒，不如随机应变。这样才能获得成功。

彼得·弗雷特是萨文河畔众多淘金大军的一员。

有人在萨文河畔散步时无意间发现金子后，这里便常有来自四面八方的淘金者。他们都想成为富翁。寻遍了整个河床，在河床上挖出很多大坑，希望借助它找到更多的金子。但更多的人却一无所得，只好扫兴而归。也有不甘心的，便驻扎在这里，继续寻找。

彼得·弗雷特也留了下来。他为了找金子，已把所有的钱都押在这块土地上，怎么能回去呢？于是，他又埋头苦干了几个月，直到土地全变成坑坑洼洼，他翻遍了整块土地，但连一丁点儿金子都没看见。他失望了。

半年以后，他连买面包的钱都没有了。于是，他准备离开这儿到别处去谋生。

就在他即将离开的前一个晚上，天空下起了倾盆大雨，并且一下就是三天三夜。雨终于停了，彼得走出小木屋，发现眼前的土地看上去好像和以前不一样：坑坑洼洼已被大水冲刷平整，松软的土地上长出一层绿茸茸的小草。

“这里没找到金子，”彼得若有所悟地说，“但这土地很肥沃，我可以用来种花，并且拿到镇上去卖给那些富人。他们一定会买些花装扮他们的家园。如果真这样的话，那么我一定会赚很多钱。有朝一日，我也会成为富人……”

彼得仿佛看到了将来，他美美地说：“对，不走了，我就种花！”

于是，彼得留了下来。他花了不少精力培育花苗，不久田地里长满了美丽娇艳的各色鲜花。他拿到镇上去卖，那些富人一个劲儿地称赞：“瞧，多美的花，我们从没见过这么美丽的花！”他们很乐意付少量的钱来买彼得的鲜花装饰他们的家。

五年后，彼得终于实现了他的梦想——成了一个富翁。

彼得没有淘到金子，却得到了美丽的花朵。因为肥沃的土地给了彼得最好的帮助。那是自然的馈赠，是顺应自然变化的结果。那块土地既然没有金子，自然就有别的用途。如果彼得不改变他的淘金计划，一直坚持到最后，恐怕也难以实现他的致富梦想。

成功的路上，总是充满着变化，面对变化一定要随机而变。如果为了一种事情一味地执著、坚持，那注定会失败而没有收获。因此，只要恢复直率之心，让自己的行动顺从自然的环境，一切就唾手可得了。

乔治是住在美国弗吉尼亚州的一个农夫，他出巨资买下了一片农场，不久便发现自己吃亏上当了。原来，这是一块既不适合种植果树，又不适合放牧的贫瘠山坡地。它拥有的除了用途不大的白杨树之外，就是漫山遍野令人望而生畏的响尾蛇。

苦恼之后，他认识到自己不应当把宝贵的时间都耗费在无聊的痛苦之中，不应当被木已成舟的损失所击垮，而应当寻求如何把眼前的不利因素巧妙地转化为有利因素，并创造性地从损失中获得利润。

后来，他改变了最初的计划，想出了一个很好的主意：把这块贫瘠山坡地的价值充分利用起来，将其建设为响尾蛇的生产基地。于是，他有计划地捕捉、繁殖响尾蛇，从中提取蛇毒，运送到各大药厂去制药；还把响尾蛇的肉做成罐头，销往各地。

由于他独到的眼光和不懈的努力，仅仅几年的光景，生意越做越大，订货的客户络绎不绝，每年到他农场来考察、参观的就多达几万人次。他所在的村子，后来也改名为远近闻名的响尾蛇村。

世界上的事，世界上的人，乃至宇宙万物，没有一样东西是不变的。万事万物，随时随地都在变化。聪明的人，会及时变化，让自己适应自然环境，达到自己的目的。

未来发生的事情，对于所有人来说，永远都是一个未知数。许多变化与结果不是人们能主宰和预测到的。万事万物随时随地都在变化，适应自然的变化，才能获得成功。

简单使人快乐

简单应该成为我们每一个人生活的准则。在人生道路上，你只有一切遵照从简的准则，才有可能避免误入阻碍你成功的岔路口——复杂。

爱因斯坦说：“凡事都应该力求简化，这样利于成功。”

在现代社会结构、人际关系和家庭关系日趋复杂的趋势下，复杂常常搞得人们苦恼，为此耗费时间与精力。那么，何不用一种简化的态度来处理这些复杂的关系，用“简单”的方法来解决“复杂”的问题呢？

电影《唐·吉诃德》里有这样一个片段：

桑丘问表弟世界上第一个翻跟头的是谁，表弟说这个问题他一时回答不上，等他以后回书房去翻翻书，考证一番，下次见面再把答案告诉桑丘。

桑丘过了一会儿对表弟说刚刚问的那个问题他现在已经想到答

案了：世界上第一个翻跟斗的是魔鬼，因为他从天上摔下来，就一直翻着跟斗，跌到了地狱。

桑丘回答得非常简单，却包含一种极其朴素的智慧。如此说来，简单不失内涵。面对一个问题，有些人煞费苦心，进行考证，但得出的结论往往并不理想，甚至不正确。反而那些简单的回答，却命中要害。其实生活、工作中的很多事情都很简单，大可不必费九牛二虎之力去伤透脑筋，人们不必走太多、太远、太辛苦的路，甚至有些路是根本就不必走的。

有个钓鱼的人，他每天只钓一篓鱼，那篓鱼刚好可以换他一天的食物、水和烟。然后他就躺在沙滩上晒太阳，望着蓝天白云，悠闲自在。

这时来了一个商人，对他说："老兄，我觉得你应该钓更多的鱼，然后把它们卖掉，等攒够一定数量的钱后就买一艘船，然后再成立一个远洋捕捞公司。"

"然后呢？"那人问商人。

"然后就能赚很多很多的钱。"

"再然后呢？"

"你就可以每天到海边晒太阳、钓鱼。"

"可是我现在不正在晒太阳、钓鱼吗？"那人回答说，"更重要的是等我做够了那些事，赚到了足够的钱，也许我已经没有时间来晒太阳、钓鱼了。"

可见世界上没有复杂的事，一切问题都可以化为简单，一切享受与成功的时机也都包含在简单之中。

新加坡是个美丽的旅游城市。在这之前，1972 年，新加坡旅游局曾给当时的总理李光耀送了一份报告，大意是说新加坡除了一年四季直射的阳光，什么名胜古迹都没有，要发展旅游事业实在是没有任何优势。当然，报告中还叙述了很多复杂的问题。

据说李光耀看过报告后非常生气，他在报告上批示道："你想让上帝给我们多少东西？阳光，阳光就足够了！"后来，新加坡就利用那一年四季直射的阳光大量种植花草，很快发展成为世界著名的花园城市，成为旅游王国。

是的，有阳光就够了。阳光每日都给予人们一种享受和财富。多么简单的道理。世界上一切事物看似复杂，但都是由简单组成。

还是关于钓鱼的故事。

有一次，我的一个朋友在码头看一些人钓鱼。他看到一位老头儿身边是满满一桶鱼。而那老头儿从拉线、摘鱼、丢到桶里，到又把线抛回水里，动作很随意，根本不像其他垂钓者用心地揣摩钓钩周围是否有鱼。

不远的地方还有七个人在钓鱼，老头儿每从水中拉上一条鱼，他们就大声抱怨一阵，抱怨自己仍然举着一根空竿儿。朋友好奇，走近才发现，原来那些人都在甩锚钩。锚钩儿是一套带坠儿的钩，而那位老头儿只用一个钩。

朋友明白了：老头儿收获了鱼，他百发百中的秘密在于只用一个钩子、一点诱饵而已。老头儿使用最简单的方法获得了超级效果。而那些人却把钩子弄得很复杂，因此，他们没有收获。

在我们每个人的生命深处，都希望自己天天大有收获。殊不知，收获却如此简单，它就在我们眼前，可我们把它弄复杂了，结果适得其反。

生活中，只要简化许多事情，就会变得轻松、快乐。人总习惯把一切搞得太复杂。简单不仅能得到事半功倍的效果，同时也能将生活带入一种节奏明快的韵律之中。所以，我们无论做什么，都要学会做减法。

顺应姿态得生存

一个在外地工作的女儿春节回家，对父亲抱怨她在外生活的艰难，她不知该如何应付生活，想要自暴自弃。

父亲是位厨师，他把女儿带进厨房。他先往三只锅里倒入一些水，然后把它们放在旺火上烧。不久锅里的水烧开了。他往第一只锅里放些土豆，往第二只锅里放些鸡蛋，往最后一只锅里放入碾成粉末状的咖啡。他将它们浸入开水中煮，一句话也没有说。

女儿咂咂嘴，不耐烦地等待着，纳闷父亲在做什么。大约二十分钟后，父亲把火关了，把土豆捞出来放入一个碗内，把鸡蛋捞出来放入另一个碗内，然后又把咖啡舀到一个杯子里。做完这些后，他才转过身问女儿，“孩子，你看见什么了？”

“土豆，鸡蛋，咖啡。”她回答。

他让她靠近些并让她用手摸摸土豆。她摸了摸，注意到它们变软了。他又让她拿一只鸡蛋并打破它。将壳剥掉后，她看到了一只煮熟的鸡蛋。最后，他让她喝了咖啡，她品尝到香浓的味道。

女儿不解地问道："爸爸，这意味着什么？"

父亲解释说，这三样东西面临同样的环境——煮沸的开水，但其反应各不相同。土豆入锅之前是硬的、结实的，但进入开水之后，它变软了。鸡蛋原本易碎，它薄薄的外壳保护着它呈液体的蛋液，但是经开水一煮，它的蛋液变硬了。而粉状的咖啡则很独特，进入沸水之后，它们倒改变了水。

"哪个是你呢？"父亲问女儿，"你是土豆，是鸡蛋，还是咖啡？"

问问自己，你是土豆，是鸡蛋，还是咖啡豆？不管是变软的土豆，还是内心原本可塑的鸡蛋，或者是咖啡，都有一个共性，那就是顺应了热水的变化。

人顺应眼前的环境，根据环境而调整自己的姿态，是发展的前提。

893（894）次列车早上从山西太原市开出，到达终点站河边后，晚上返回太原市，这是"顺"开。乘坐这趟列车的旅客越来越少了，甚至一趟车只有几十个人。1997 年，此趟列车由于经济效益亏损太多而不得不停运。1998 年 10 月 1 日，调整后的这趟列车又恢复了运营，不过列车已改为"倒"开：即以河边为起点站，开往太原市。调整后的每趟车旅客都在八百人上下，经济效益颇为可观。

路还是这条路，车还是这趟车，人还是这些人，为什么变"顺"开为"倒"开就能够起死回生？这是因为"倒"开时，沿途的旅客上午到太原市办事或购物，下午就能回到家，不必在太原市住上一宿，既节省了时间，又节约了开支；不像 1997 年以前那样"顺"开时，旅客下午到太原市之后，很难办完事或购完物，不得不住上一宿，第二天才能回家；以前是方便了列车上的工作人员，现在是方便了沿途的旅客，顺应了客流量的大局。

骑过马的人，都懂得顺从马走的方向前进，让你的坐姿和马的步伐保持一致，会省很多的力气。生活中也是同样的道理。任何人一生都不会永远顺利，在逆境和困难面前，顺应的姿态是很重要的，是生存的基础。

在亚马逊的热带雨林里，有一种倒飞的鸟，叫蜂鸟。

相传这鸟开始时不是倒飞的，和其他鸟一样也是向前飞行。虽然它体形小，但它的家族繁衍非常旺盛，如果全体出动，那是一个庞大的阵容，遮天蔽日，使大片森林都笼罩在它们的阴影之下，雄霸整个亚马逊的森林。只要它们想吃什么东西，就一定能吃到，没有动物不受到蜂鸟的攻击。它们曾经非常威武。

只是缘于一场变故，蜂鸟变成了让人类嘲笑的倒飞鸟。

那是一场森林大火，由于蜂鸟天生敢于搏斗的精神，当它们看见大火在林中乱窜时，在蜂鸟王的指挥下，蜂鸟们一群一群地飞向烈火之中。结果死伤惨重，眼看蜂鸟的家族就要全军覆没。

这时，有一只蜂鸟动摇了，它试图往后退。蜂鸟王看见了，指挥其他蜂鸟向那只蜂鸟进攻。但是，那些蜂鸟没有像以往那样扑向那只背叛的鸟，而是有一部分也跟着一起向后飞去。蜂鸟王和另一部分不后退的蜂鸟就成了那场大火的牺牲品。

而后来这些倒飞的蜂鸟都是从那时开始延续的后代，它们一直保持着倒飞的姿势，从不顾忌别人的讥笑。

任何时候都不要企图控制某件事情、某个人。俗话说：“船到桥头自然直。”让自己的行为顺应大环境、顺应自然，这样才能得以生存，求得日后的发展与成功，生活也能变得悠然自得。

活在当下

山上的一座寺院里有一个小和尚，他每天早上负责清扫寺院里的落叶。

清晨起床扫落叶实在是一件苦差事，尤其在秋冬之际，每一次起风时，树叶总是随风飞舞。每天早上都需要花费许多时间才能清扫完树叶，这让小和尚头痛不已。他一直想要找个好办法让自己轻松些。

后来他的师兄跟他说：“你在明天打扫之前先用力摇树，把落叶统统摇下来，后天就可以不用扫落叶了。”

小和尚觉得这是个好办法。第二天，他起了个大早，使劲地摇树，这样他就可以把今天跟明天的落叶一次扫干净了。一整天小和尚都非常开心。

第二天，小和尚到院子里一看，他不禁傻眼了：院子里如往日一样仍是满地落叶。

老和尚走了过来，对小和尚说："傻孩子，无论你今天怎么努力地摇，明天的落叶还是会飘下来。世上有很多事是无法提前的，你只有认真地活在当下，才是最真实的人生态度。"一位名人这样说："过去与未来并不是'存在'的东西，而是'存在过'和'可能存在'的东西。唯一'存在'的是现在。"

不幻想未来，不沉湎在过去，只注重"当下"，是一种现实快乐的生存状态。昨天和明天的一切都无关紧要，重要的是"当下"。但是，每天劳碌奔忙的人们，很少留心"当下"的存在，甚至不知道"当下"的存在。

一天早餐后，有个人特意来山上请老和尚指点迷津。老和尚邀此人进入内室，耐心地听他滔滔不绝地谈论自己质疑的各种问题。好久，老和尚才举起手，此人立即闭口不说话，想知道老和尚要指点他什么。

"你吃早餐了吗？"老和尚问道。

这人点点头。

"你洗了早餐的碗吗？"老和尚再问。

这人又点点头，接着张口欲言。

老和尚在这人说话之前说道："你有没有把碗晾干？"

"有的，有的，"此人不耐烦地回答，"现在你可以为我解惑了吗？"

"你已经有了答案。"老和尚回答，接着把他请出了门。

几天之后，那个人终于明白了老和尚点拨的道理：提醒他要把重点放在眼前——必须全神贯注于当下，因为这才是真正的要点。

活在当下是一种全身心地投入人生的生活方式。当你活在当下，没有过去拖在你后面，也没有未来拉着你往前时，你全部的能量都集中在这一时刻，生命因此具有一种强烈的张力，有一种快乐。一旦你跟生命的自然状态保持在同一步调，你就会体会到“当下”的甜蜜。

而对于那些一心一意计划着以后发生的事，却忘了把眼光放在“当下”的人，等到时间一分一秒地溜过，生命已经接近终点了，才恍然大悟，为失去“当下”而后悔不已，才明白真正的快乐与满足不是在“以后”，而是在“当下”拥有的一切。

有一个樵夫，每天都上山砍柴，过着平凡的日子。

有一天，樵夫在砍柴回来的路上捡到一只受伤的银鸟，银鸟全身闪着银色的羽毛。樵夫欣喜不已，他还没有看见过这么漂亮的鸟。于是，樵夫把银鸟带回家，用心地给它治疗伤口。银鸟每天也给樵夫唱着动听的歌。他和它都快乐无比。

邻居看到樵夫的银鸟，告诉他还有一种金鸟，比银鸟漂亮千倍，而且歌也唱得比银鸟好听。从此樵夫每天只想着金鸟，不再对银鸟感兴趣了，日子过得也越来越不快乐。

这一天，樵夫坐在门外，望着金黄的夕阳，想着金鸟的时候，银鸟准备离去了。它飞到樵夫身边，最后一次歌唱给他听。樵夫感慨地说：“你的歌虽然好听，但比不上金鸟；你的羽毛虽然漂亮，但比不上金鸟美丽。”

银鸟唱完歌，在樵夫身边绕了两圈后，向金黄的夕阳飞去。樵夫望着越来越远的银鸟，突然发现银鸟在夕阳的照射下，变成了美丽的金鸟——他梦寐以求的金鸟！只是，那金鸟现在已经飞走了。

樵夫后悔不已。

一位作家这样说过："当你存心去找快乐的时候，往往找不到，唯有让自己活在'当下'，全神贯注于周围的事物，快乐便会不请自来。"只有"当下"才是上天赐予我们最好的礼物。假若你时时刻刻都将力气耗费在未知的未来，却对眼前的一切视若无睹，你永远也不会得到快乐。

幸福的钻石就在你的身边

从前，有个年轻英俊的国王，他既有权势，又很富有，但经常被一个问题所困扰：他经常不断地问自己，他一生中什么时候最幸福。他宣布，凡是能圆满地回答这个问题的人，将分享他的财富。哲学家们从世界各个角落赶来了，但他们的答案却没有一个能让国王满意。

这时有人告诉国王说，在很远的山里住着一位非常有智慧的老人，也许老人能帮他找到答案。

国王就装扮成了一个农民，来到智慧老人住的简陋小屋前，看见老人正在挖着红薯。

国王说："听说你是个很有智慧的人，能回答所有问题，你能告诉我，我什么时候最幸福吗？"

"帮我挖点红薯，"老人说，"把它们拿到河边洗干净。我烧些水，你可以和我一起喝红薯汤。"

国王以为这是对他的考验，就照他说的做了。他和老人一起待了几天，希望他的问题能得到解答，但老人却没有回答。最后，国王为自己和这个人一起浪费了好几天时间感到非常气愤。他拿出自己的国王玉玺，表明了自己的身份，宣布老人是个骗子。

老人说："我们第一天相遇时，我就回答了你的问题，但你没明白我的答案。"

"你的意思是什么呢？"国王问。

"你来的时候我向你表示欢迎，让你住在我家里。"老人接着说，"要知道过去的已经过去，将来的还未来临——你生命中的幸福就是现在你正经历的一切啊！"

国王顿悟。

人的一生都在寻找幸福，寻找成功。为此，人们劳苦终日，岁岁年年，也许到了弥留之际，都不知道到哪里去寻找幸福。有的人甚至是一生都找不到，于是对幸福产生怀疑。常听人们这样说："这个世界上哪有幸福啊？"其实幸福就在每个人的身边，等着你去拉它的手。

有这样一个故事：

有个农夫拥有一块土地，生活过得很不错。但是，他听说有块土地的底下埋着钻石，他就把自己的地卖了，离家出走，去寻找可以发现钻石的那块土地。然而他却没发现钻石。最后，他囊空如洗，过着贫穷的日子。

那个买下这个农夫土地的人在散步时，无意中发现了一块异样的石头，他拾起来一看，金光闪闪，反射出光芒。他拿给别人鉴定，才发现这是一块钻石。这样，就在农夫卖掉的这块土地上，新主人发现了从未被人发现的最大的钻石宝藏。这个人当然从此之后过上了幸福富足的生活。

这个故事是发人深省的，它告诉人们一个道理：幸福不是奔走四方去发现的，它有时候就在你的身边，只要你用心去寻找，相信总会找到。

自然给予我们的实在太多了，可惜大多数人都不懂得抓住。一位名人这样说："人们都会看东西——看电视、看时间、看路标，但懂得用心观察的人却寥寥无几。只有少数人才会做到，幸福的就是那少数人。"

如果你想生活得快乐，那么就应该学会知足，学会在你的身边寻求快乐。只要用心观看，就能体察万物，就会发现身边有许多唾手可得的幸福和快乐。记住：寻找幸福的秘诀是用心、用心，再用心。

每个人的身边都拥有幸福的"钻石"，及时发现和开发好你的"钻石"，你就能幸福。

顺其自然，学会等待

几个朋友结伴去旅行，他们到达了南太平洋的加拉巴哥岛。海岛上有许多太平洋绿海龟孵化小龟的巢穴。他们请海岛上的一个渔民做向导，带领他们去观察幼龟怎样离巢进而投入大海的怀抱。从龟巢到大海，幼龟必须经过一段距离不算短的沙滩。如果运气不佳，幼龟便会成为鹰等食肉鸟类的猎物。

接近黄昏的时候，向导带领他们顺利地找到几处大龟巢。碰巧，他们看见一只小龟率先把头探出巢穴，却欲出又止，似乎在侦察外面是否安全。正当小龟犹豫不决、踯躅不前之时，一只鹰突然飞来，用利喙啄小龟的头，企图把它叼到沙滩上去。

旅行者们紧张地注视着眼前的这一幕，其中一位焦急地对向导说："你赶紧想个解救的办法啊！"

向导却若无其事地回答："叼就叼去吧，自然之道本来就是这样。"

向导的冷漠，立刻招来了旅行者们对他“见死不救”的谴责。没等向导解释，其中的一位旅行者抓起小龟迅速跑到海边，把它放入大海。正当旅行者们为帮助幼龟成功逃生而庆幸的时候，使他们极为震惊的不幸之事发生了：成群的幼龟从各自的巢口鱼贯而出，奔向海水。沙滩上无遮无挡，很快引来了许多食肉鸟类，肆无忌惮地捕食幼龟们。

原来，那只小龟是成群幼龟的“侦察兵”！现在，这只担当侦察任务的幼龟被引向大海，巢中的幼龟得到了错误的信息，以为外面很安全，于是便争先恐后地倾巢而出。

转眼之间，数十只幼龟已成了鹰、海鸥等许多食肉鸟类的口中美味。有个旅行者恍然大悟：“天啊！看我们做了些什么！”

向导赶紧摘下头上的棒球帽，迅速抓起数十只幼龟，放进帽中，向海边奔去。旅行者们也学着向导的样子，气喘吁吁地来回奔跑，算是对自己过错的一种补救吧。

那些食肉的鸟吃饱了之后，发出了欢快的叫声。旅行者们都低垂着头，后悔莫及。向导无可奈何地悲叹道：“如果不是我们，这些幼龟根本不会遭到如此惨重的伤害。”

有时候，对事物急于求成只会导致最终的失败，所以我们不妨放远眼光，善于等待，学会等待，一切自然会水到渠成，会得到成果。任何事物都有一个自然的发展过程，都要遵循一个自然的规律。无论是自然界还是人类社会，都有其自身发展的内在规律。日月星辰的运行，花鸟鱼虫的繁衍，人文历史的更迭，都是如此。顺应自然规律、自然之道，则可喜可贺，能成功；而违背自然规律，则可悲可叹，会失败。

世界名模辛迪·克劳馥和一只帝王蛾的悲剧故事，读后发人深省。

在蛾子的世界里，有一种蛾子名叫“帝王蛾”。帝王蛾的身体并不是很大，它的双翼完全舒展开来也不过有几十厘米长，但是它们却很顽强。

帝王蛾的幼虫时期是在一个洞口极其狭小的茧中度过的。当它的生命要发生质的飞跃时，这天定的狭小通道对它来讲无疑成了鬼门关，那娇嫩的身躯必须拼尽全力才可以破茧而出。太多太多的幼虫在往外钻爬的时候力竭身亡。

辛迪·克劳馥在一次很偶然的机会，看到了一只帝王蛾从茧中向外苦苦挣扎的一幕，于是，她动了悲悯之心，决定将那幼虫的生命通道修得宽阔一些，以减少它挣扎的痛苦。于是，她拿来剪刀，轻轻地把茧的洞口剪大。这样一来，茧中的幼虫不必费多大的力气，就能钻出来。

但是，意想不到的事情发生了。不久，克劳馥就发现被她从茧的束缚中解救出来的那只帝王蛾无论如何也飞不起来，只能拖着丧失了飞翔功能的双翅，在地上笨拙地爬行。克劳馥感到十分懊悔，但无论怎样努力思考她也想不出答案来，于是她去找动物学家斯蒂夫博士询问原委。

斯蒂夫博士告诉她：那“鬼门关”般的狭小茧洞恰是帮助帝王蛾幼虫两翼成长的关键所在，这些帝王蛾穿越它们的时候，必须要用尽全力去往外挤，恰恰是它们的用力挤压，使它们体内的血液能顺利地输送到蛾翼的组织中去；唯有两翼充血，帝王蛾才能振翅飞翔。人为地将茧洞剪大，蛾子的翼翅就失去充血的机会，生出来的帝王蛾便永远与飞翔无缘。

辛迪·克劳馥后悔不已。她没有想到自己帮了倒忙，这只帝王蛾死在了她的善意的帮助上。

人生好比是一条河流，人们若想顺利地渡过这条河流，又不想受到更多的伤害，就必须学会顺流而下。达到成功的最好办法，就是顺其自然。不要担心结果，因为好多事情不是人们能控制的。

心理学家荣格说 :“在一片混沌之中，存在着一个宇宙。在一片混乱之中，隐藏着一种秩序。”自然界中的一切都有其自身的发展规律，生长也不例外。违背自然规律，其结果往往只有一个 : 导致失败。

有两个叫阿呆和阿愚的渔民，他们每天都出海打鱼，都梦想着有一天能成为富翁。

有一天，两人听到一个消息 : 在对面岛上的寺院里有九棵朱槿，其中开红花的那一株下面埋有一罐黄金。阿愚满心欢喜地摇船来到对面的岛上。不久阿呆也来了。

果然，那里有九棵朱槿。此时已是秋天，两人便住了下来。冬天过去了，朱槿花盛开了。但都是清一色的淡黄，根本没有开红花的朱槿。

阿愚垂头丧气地先驾船回去了，而阿呆却坚持住了下来。

春天又来了。朱槿花绽开，寺院里一片灿烂。奇迹就在这时候出现了 : 在那九棵朱槿中，果然有一棵开出美艳绝伦的红花，这棵树下面果然有罐黄金。

阿呆激动地在树下挖出那罐黄金。后来，他成为全渔村最富有的人。而阿愚整日在唉声叹气中度过，责备自己为什么没有坚持到最后。

一般情况下，人受到挫折后，总是要在自己身上找原因，很少去想到周围环境给自己带来的影响。要懂得去顺应自然，顺应环境，体验顺其自然带来的成功，等待时间赐你成功的时机。

人一生总有一些事情无法控制，比如眼前和未来的境遇。人生永远都会遇到一些令人无法抗拒的事。你越是抗拒，情况就越糟。只有开开心心面对它、顺应它，用时间来等待，才能有收获，才能快乐！

每个人都要学会顺应自然之道。违背规律去办事，就会步步艰难；而学会顺应规律，就会得心应手，一路坦途。自然之规不可违背。

适者生存

印第安人，向来以彪悍强壮闻名于世。这是有原因的。

据说，若是有婴儿出生，这个婴儿的父亲会立即将孩子携至高山上，选择一条水流湍急而且水温冰冷的河流，将婴儿放在特制的摇篮当中，让婴儿的摇篮随着河水漂去。

而这个新生儿的父亲及族人们，则在河流的下游处等候，当放着婴儿的摇篮漂到下游时，如果婴儿还活着，证明他的生命力强，具备成为他们族人的条件，便将之带回部落中妥善养育成人。若是篮中的婴儿禁不起这般折腾，发生不幸，他们则将婴儿及摇篮放回河流当中，任其漂流而去，形同河葬。

经过如此严苛的挑选，能够幸存的印第安孩子，当然个个身强体壮、彪悍过人。这种“土法优生”虽然残忍，但也是强化民族素质的一个手段。

大自然的法则是适者生存。同样，这法则也适用于人类社会。

聪明的人总是能适应周围的环境而得以生存，为以后的成功和发展打下基础。

一个年轻人到吕梁山游览，见那里瀑布几十丈高，流水水花远溅出数里，甲鱼、扬子鳄和鱼类都不能游动。但是，他却看见一个老者在那里游水。年轻人认为他是有痛苦想投水而死，便要沿着水流去救他。而老者却在游了几百步之后出来了，披散着头发，唱着歌，在河堤上漫步。

年轻人赶上去问老者："刚才我看到你在那里游，以为你是有痛苦要去寻死，便想来救你。你却游出水面，我还以为你是鬼怪呢，请问你是怎么在水里出入自如的？"

老者答道："我没有别的方法，我是随着旋涡进入，又随着旋涡出来。我让自己适应水流，而不是让水流适应我。就这样，我能够对付它、战胜它。"

那位智者让自己适应水流，不游只漂，适应水的变化而得以生存，才得以在旋涡之中出入自如，而不是让水流适应他。这样，智者就成功了。这不是一种方法，也不是一个技巧，而是一种智慧——人生的大智慧。

人别想试图让整个世界适应自己，而是应该让自己适应环境。因为，任何事情，适应后跨一步就迈向成功。

在世界最深处——11000多米深的马里亚纳海沟，海底又冷又黑，千百年来沉寂无声，连低等的植物都无法生长。但偶尔有一些小光点缓缓移动，那是安康鱼身上发射出来的光芒。安康鱼的背上生长着发光器，像一盏玲珑的小灯笼，照亮自己永远"暗无天日"的生活。

生活之中不可能永远阳光灿烂，当黑暗暂时来到身边时，就要学会去接受和适应。和小小的安康鱼比，人类是多么幸运，一点困难坎坷又算得上什么呢?

人在恶劣的环境下，适者生存更为重要。当你无法适应周遭的环境时，那么失败与毁灭就将常伴你左右。当然，坏环境是每个人都不希望遭遇的。

人要学会适应自己身边的各种处境，如果与之格格不入，那么最终损失的还是自己。人要积极地适应环境，要想事业有成，就必须学会适应。

有一个主人，买来一只公鸡，准备繁殖小鸡。但是公鸡早晨起来报晓，被主人杀了。

于是，主人又买来一只公鸡。它早晨起来报晓，也被主人杀了。再买一只公鸡，它早晨起来报晓，还是被主人杀了。

邻居不解，问："这些公鸡每天都准时报晓，你杀它们干什么呀?"

主人说："早晨我有晚起的习惯，它们却叫得很早。"

邻居说："这不是公鸡的错，报晓是它们的天职。"

主人说："我不管，我需要的是能和母鸡交配的公鸡，而不是报晓的公鸡。"

邻居说："可是公鸡是不能不报晓的呀，你难道就不能用另一种方式来解决吗?非得杀掉它们吗?你为什么不改变一下你的睡觉的习惯呢?"

主人说："这怎么可能呢?我一直都是这样的，好几年了，我怎么会为一只公鸡而改变呢?它们应该符合我的要求，改变的怎么能是我呢?"

于是，这个主人一直保持着杀公鸡的习惯。而他也一直没有得到小鸡。

仙人掌知道无法改变生长在干旱的荒漠中，所以它懂得将叶子缩小为针状，通过尽一切可能减少水分的蒸发来适应沙漠，使生命得以延续。世间万物，谁适应谁是一个不能忽视的问题。如果你做出一点让步，就可解决矛盾，就可换来大的收获和发展，那你去适应又有何妨呢？所以人必须学会适应，因为人对环境和他人的改变极其有限。

塞翁失马后的馈赠

生活有时会让你失去很多，但是失去，是为了日后的轻装前进，是等待成功的另一种启示。人可能在某一段时间内什么都得不到，但是即使这样，也不要放弃。因为，仁慈的自然会馈赠另一种收获给你，另一种成功会在另一条路上等着你。有一位住在深山里的农民，他四处寻找致富的好方法。一天，一位从外地来的商贩给他带来几粒不起眼的种子。告诉他只要将其种在土壤里，几年以后，就能长成一棵棵苹果树，结出数不清的果实，拿到集市上，可以卖好多钱呢！

欣喜之余，农民急忙将苹果种子小心收好。春天来临时，农民特意选择了一块荒僻的山野，种植这种颇为珍贵的果树。经过几年的辛苦耕作，浇水施肥，小小的种子终于长成了一棵棵茁壮的果树，并且结出了累累的硕果。农民看在眼里，喜在心中。因为缺少种子的缘故，果树的数量还比较少，但结出的果实也肯定可以让自己过上好一点儿的生活。他特意选了一个吉利的日子，准备在这一天摘下成熟的苹果挑到集市上卖个好价钱。当这一天到来时，他非常高兴，一大早，他便上路了。但当他爬上山顶时，心里猛然一惊，那一片红灿灿的苹果，竟然被飞鸟和野兽吃个精光，只剩下满地的果核。想到这几年的辛苦劳作和热切期望，他不禁伤心欲绝，大哭起来。他的致富梦就这样破灭了。在以后的岁月里，他的生活仍然艰苦，只能苦苦支撑下去，一天一天地熬日子。

不知不觉之间，又是几年过去了。一天，他偶然又来到了这片山野。当他爬上山顶后，突然愣住了，因为在他面前出现了一大片茂盛的苹果林，树上结满了累累的果实。这会是谁种的呢？在疑惑不解中，他找到了答案：原来这一大片苹果林都是他自己种的。几年前，当那些飞鸟和野兽在吃完苹果后，就将果核吐在了旁边，经过几年，果核里的种子慢慢发芽生长，终于长成了一片更加茂盛的苹果林。

农民欣喜若狂，他完全没有想到，他再也不用为生活发愁了，这一大片林子中的苹果足可以让他过上富足的生活。他想，如果当年不是那些飞鸟和野兽吃掉了这小片苹果树上的苹果，今天肯定没有这样一大片果林了。失去，在许多情况下未必不好，它会让自己获得更多。这不仅是这个农民的领悟，更是每个人对人生的一种哲理领悟，这样你就会很自然地对待你生活中的每一次失去和所得。

西班牙有句俗语：“如果你家失火，就到一旁取暖。”中国也有句俗语：“塞翁失马，焉知非福。”福中有祸，祸中有福。这是自然规律。因为任何事物都有好坏两方面。只要你了解这些，就可以正确面对你人生的每一次得与失，不幸的遭遇对你的负面影响就会随之减少。

不能忽视的自然细节

松下幸之助是成功的日本企业家，松下电器公司能在他这一个小学没读完的农村少年手上迅速成长为世界著名的大公司，与一个犯人讲的故事有关。凭借这个故事，松下幸之助悟出一条人生哲理，促使他与合作伙伴的谈判突飞猛进，事业越来越好。

松下幸之助在 23 岁那年听到了这样一个故事：

某个犯人被单独监禁。有关当局已经拿走了他的鞋带和腰带，他们不想让他伤害自己，他们要留着他，以后有用。这个不幸的人用左手提着裤子，在单人牢房里无精打采地走来走去。他提着裤子，不仅是因为他失去了腰带，还因为他渐瘦的身体。从铁门下面塞进来的食物都是些残羹剩饭，他拒绝吃饭。但是现在，当他用手摸着自己的肋骨的时候，他嗅到了一种万宝路香烟的香味。他喜欢万宝路这个牌子。

通过门上一个很小的窗口，他看到门廊里那个孤独的卫兵深深地吸一口烟，然后美滋滋地吐出来。这个囚犯很想要一支香烟，所以，他用他的右手指关节客气地敲了敲门。

卫兵慢慢地走过来，傲慢地哼道："想要什么？"

囚犯回答说："对不起，请给我一支烟……就是你抽的那种，万宝路。"

卫兵错误地认为囚犯是没有权利的，所以，他嘲弄地哼了一声，就转身走开了。

这个囚犯却不这么看待自己的处境。他认为自己有选择权，他愿意冒险检验一下他的判断，所以他又用右手指关节敲了敲门。这一次，他的态度是威严的。

那个卫兵吐出一口烟雾，恼怒地扭过头，问道："你又想要什么？"

囚犯回答道："对不起，请你在30秒之内把你的烟给我一支。否则，我就用头撞这混凝土墙，直到弄得自己血肉模糊、失去知觉为止。如果监狱当局把我从地板上弄起来，让我醒过来，我就发誓说这是你干的。当然，他们绝不会相信我。但是，想一想你必须出席每一次听证会，你必须向每一个听证委员会证明你自己是无辜的；想一想你必须填写一式三份的报告；想一想你将卷入的事件吧——所有这些都只是因为你拒绝给我一支劣质的万宝路！就一支烟，我保证不再给你添麻烦了。"

卫兵会从小窗里塞给他一支烟吗？当然给了。他替囚犯点烟了吗？当然点上了。为什么呢？因为这个卫兵马上明白了事情的得失利弊。

这个囚犯看穿了士兵的立场和禁忌，或者叫弱点，因此满足了自己的要求——获得一支香烟。

松下幸之助先生立刻联想到自己：如果我站在对方的立场看问题，不就可以知道他们在想什么、想得到什么、不想失去什么了吗？仅仅是这么一个故事，就转变了松下幸之助的人生观念，使松下有了新感想。

有的时候，生活中一个自然的细节、一句随口说出的话，就能改变一个人的整个人生状态。细节会给人意想不到的点悟。而成功的人往往是能及时捕捉这些细节的人，往往是喜欢对细节进行思考，经常会问“为什么”的人，是关注细节的人。

1921 年，印度科学家拉曼在英国皇家学会上作了声学与光学的研究报告，取道地中海乘船回国。甲板上漫步的人群中，一对印度母子的对话引起了拉曼的注意。

“妈妈，这个大海叫什么名字？”

“地中海！”

“为什么叫地中海？”

“因为它夹在欧亚大陆和非洲大陆之间。”

“那它为什么是蓝色的？”

年轻的母亲一时语塞，求助的目光正好遇上了在一旁饶有兴味倾听他们谈话的拉曼。拉曼告诉男孩：“海水所以呈蓝色，是因为它反射了天空的颜色。”

在此之前，几乎所有的人都认可英国物理学家瑞利，他用太阳光被大气分子散射的理论解释过天空的颜色，并由此推断，海水的蓝色是反射了天空的颜色的原理。

在告别了那一对母子之后，拉曼总对自己的解释心存疑惑，他不禁为之一震！拉曼回到加尔各答后，立即着手研究海水为什么是蓝的，发现瑞利的解释实验证据不足，令人难以信服，他决心重新进行研究。

他从光线散射与水分子相互作用入手，运用爱因斯坦等人的涨落理论，获得了光线穿过净水、冰块及其他材料时散射现象的充分数据，证明出水分子对光线的散射使海水显出蓝色的机制，与大气分子散射太阳光而使天空呈现蓝色的机制完全相同。进而又在固体、液体和气体中，分别发现了一种普遍存在的光散射效应，被人们统称为“拉曼效应”，为 20 世纪初科学界最终接受光的粒子性学说提供了有力的证据。

1930 年，地中海轮船上那个男孩的问号，把拉曼带上了诺贝尔物理学奖的领奖台，成为印度也是亚洲历史上第一个获得此项殊荣的科学家。

细节决定成就。人们会忽略身边的细节，尤其是自然的细节，关注这些细节或许会给你带来意外的成功。关键在于你是不是能把握每一个细节，哪怕只是一句话、一个眼神。

第二篇　感受自然的况味

健康是成功的基石

这是一个发生在我身边的真实事件。事情过去之后，人们在遗憾的同时，总会发出感慨。

王娜和张东一起在一家广告公司搞设计。张东创意，王娜完稿，他们的搭配是那么完美，总是受到老板的夸奖，大有珠联璧合的架势。于是，公司的上上下下把他们自然而然地撮合到一起。王娜也喜欢张东的拼劲和他层出不穷的点子，而且，他的幽默会在生活中随时随地出现，每每让她惊喜不已；但她却万万没有想到，在他们的婚礼上，他也开了一个最残忍的玩笑。

她曾觉得自己非常幸福，得到一个这样认真负责又乐观进取的好男人。他给她的欢笑，会让她忘却了繁重琐碎的工作，而且觉得手中的完稿，每张的表现都新鲜。3 年的交往，他们情投意合，进而同居两年，却一直发不出喜帖来。并不是他们有意长跑，而是他的职务越来越重要，工作也越来越繁重，他们根本腾不出假期来结婚。

他升了官，责任在身，每次成稿都要他领队并详细说明产品设计。公司的业务蒸蒸日上，他的个人时间就越来越少。她有时还陪他加班，送点滋补品为他补身体。看他一支烟接着一支烟地抽，心疼的感觉他没办法体会。他只说再拼一阵子就好，等存够了钱，他们可以自己创业，就不必那么累了。他们的创业梦进行得很顺利。

公司的老板也非常器重他，积累的人缘、作品的口碑、得奖的荣誉以及他稳重的个性，都在为他的事业加分。她怀孕了，经期停了 3 个月，她才从忙碌的工作中，发现不适的异样。检查出来怀孕已经 3 个多月时，她非常懊恼，认为他这样没日没夜地工作，不该在这个时候打扰他，但是，他非常开心，当场就大声地说："嫁给我吧！正正式式地当我的太太吧！"全办公室响起如雷的掌声，她的泪也夺眶而出。

5 年的爱情长跑，终于要踏上红地毯了，她欣喜万分，不止一次梦想着当新娘的画面。于是，他们忙碌起来。首先是趁她的肚子没有凸出来时拍婚纱照。这家老客户跟他很熟，拍了比别人多 3 倍的底片，穿的礼服、选的地点、做的表情都是她自己设计的，他说一辈子只结一次婚，一定要搞笑一点儿，让人永远难忘。老板送他们 20 万的礼金，说是给他的创业基金，从此变成了同行，大家要互相帮忙。他高高兴兴地答应在婚前完成最后一批稿件设计，她先辞去工作，一则孕吐难受，二则婚前有许多事要忙，他都没时间弄，她就只能为他分担他们家里的事，好让他没有后顾之忧。

他更紧张忙碌了，几乎是每天加班到早上 6 点才回家，迷迷糊糊睡到中午又回公司继续上班，连续一个礼拜终于交出了所有的设计稿，也交接了所有的业务，离他们的婚礼只剩下不到 30 个小时。她劝他什么都别管，还是先睡一下吧，他幸福地躺在那张新床上入睡了。也许是他太累了，他一睡就没有醒过来，睡了 12 个小时。

清晨，她醒来时，悄悄过去吻他，他的鼻息还非常均匀，可爱的长睫毛还闪一两下，好像在梦中还有什么歪点子一样，她觉得幸福塞满胸膛。她没有忍心喊醒他，让他再多睡一会儿吧，他太缺觉了。

她一个人去了美容院，开始了漫长的做脸、上妆、弄头发的过程。她弄完了头发去饭店休息室等他来。没想到她在饭店等了 1 个小时，手机和家中电话都没人接，他的亲戚一个也看不见。她慌了。后来，她才知道，他的家人一到他家，发现他已经没有了呼吸，连忙送到医院。医生诊断是过劳死，在连续加班后回家睡觉，一睡就成永眠。

一个年轻力壮、从无宿疾的顽强生命，就这样因为体内长期运作失调，而造成器官衰竭而死。家人商量着该如何告诉怀孕的她，以及所有准备好大闹一场的同事好友，喜筵成了非正式的告别式，所有参加婚礼的宾客都忍不住落泪。她待在新娘休息室，抱着他试穿过的西装礼服不肯放，她痛恨自己没有在醒来时叫醒他，她心疼他让他再睡一下，他就永远地睡过去了。

他的父母伤心得连话都不能跟她说上一句。她肚子里来不及见到亲爹的孩子，让她一阵阵作呕，更是提醒她，她最欣赏的他的认真负责，成了看不见的杀手，她连恨都没法儿去恨，该怨谁、恨谁，怪谁呢?

工作是我们每一个人的第二个生命。为了某种目的，有时候甚至超过第一个生命。工作虽然重要，可是身体健康更重要。

身体是事业的本钱，是成功的基石。没有一个健康的身体，即使你有千万种想法，那也只能是海市蜃楼。如果你想施展各方面的才华，没有一个好的身体，也只能望洋兴叹。健康的生命是如此的重要，它是成功的保证。这就好比你虽拥有一辆举世无双的跑车，可是油箱里没有汽油，怎么能让它跑呢？就算是有了汽油，但火花塞的点火时间不对，汽车也不可能发挥最佳水平。唯有生命力旺盛，你才能用所拥有的才华，做出不凡的成就来。

人人都珍视自己的健康，从古至今，任何时代和民族无不把健康视为人生的第一需要，古希腊苏格拉底曾说："健康是人生最可贵的。"我国著名教育家张伯苓指出："强国必强种，强种必强身。"马克思也认为："健康是人的第一权利，是一切人类生存的第一个前提，也是一个历史的第一个前提。"可见，健康成为人类的共同追求目标由来已久。

有人这么说："健康是'1'，事业、发展、金钱等都是'1'后面的零，如果有了'1'，后面的零才能存在，如果没有'1'，后面的零则无意义。"

这个人生的公式和法则将健康的本质淋漓尽致地表现出来。健康本是人类古往今来不变的追求，但面对现代社会的各种诱惑，就要有节制地选择，做到适可而止。

有一个农夫，每天早出晚归地耕种一小片贫瘠的土地，但收成很少。

一位天使可怜农夫的境遇，就对农夫说："只要你能往前跑，你跑过的所有地方，不管多大，那些土地就全归你。"

于是，农夫就兴奋地向前跑去，一直跑，一直不停地跑。跑累了，想停下来休息，然而，一想到家里的妻子、儿女都需要更多的土地来耕种、来赚钱时，他就又拼命地再往前跑。农夫上气不接下气，实在跑不动了。

可是，农夫又想到将来自己年纪大了，可能没有人照顾，需要钱，就再打起精神，不顾气喘不已的身体，再奋力地向前跑。最后，农夫体力不支，“咚”的倒在地上，累死了。

这个故事让我们懂得：虽然人生目的是为了不停地“往前跑”，但也要学会劳逸结合；任何事情都要适可而止，贪多反而会失去。

体育明星姚明曾感悟说：“人要学会停下来，不能永远留在球场上。”

“飞人”乔丹也毅然决断：他不再飞了。这个决定曾使 NBA 阵脚大乱，更令他的球迷洒下了遗憾的泪水。而乔丹的泪水也漫过脸庞，尤其是自己的 23 号球衣被高高挂起时，他不禁掩面而泣。他的这一举动告诉我们：虽然他的体力还很棒，但他不想疲于奔命。

累了，就要学会休息，这才是聪明人的明智之举。

前世界卫生组织总干事中岛宏博士曾经指出：“许多人不是死于疾病，而是死于无知、死于愚昧。”

以命换钱的人，无论挣多少钱，对于健康则是无知的。要知道生命与健康是一条单行线，再好的高科技都不会让患过病的身体恢复到原来的状态。波音 747 飞机是由全球 5000 个工厂合作生产的 600 万个零件组成的，任何一个部件出现小毛病，都会导致飞机失事。但是人的一个细胞里面所含的基因有大约 10 万个，由 30 亿对碱基组成，人的大脑皮层就有 1000 亿个细胞，可见人比飞机复杂得多，身体的任何一个部位发生故障，同样也会损害健康。当我们正确认识健康的重要性后，我们就不应该因为工作而损害健康。健康一旦受到损害，就失去了工作的条件，当然更谈不上成功。

阳光、空气、水和运动是生命和健康的源泉，运动像阳光、空气一样重要。美国学者认为膳食、睡眠、运动是健康的三大要素，这当中也没有离开运动。

为了更好地工作，我们完全可以在工作的间隙进行可行的运动，如爬楼梯，放松一下紧张的心情，活动一下颈、肩、腰，安排好工作的节奏。每一种努力的背后，都必有加倍的回报。如果你真要健康地过一生，那就从今天开始运动吧！

日本松下电器公司前任社长山下俊彦，在10年社长任期内，把松下电器带到生产电子科技产品的新领域，成绩斐然，居功厥伟。即使有这么繁重的工作，他仍是神采奕奕、步履轻盈，充满了自信，红光满面、精力旺盛。他的秘诀就是数十年如一日从不间断地慢跑。他每天清晨4点起床，以1小时15分钟跑完1万米，每次都全身湿透。洗完澡，喝一小瓶啤酒，再睡个把钟头后，他才去上班。

山下俊彦说："我的应酬频繁，酒喝得多，如果运动量不够的话，酒精积存下来，是会中毒的；所以每天必须慢跑，用汗水来洗澡。"

平凡的累积就是不平凡。像慢跑这么平凡的一件事，倘若能坚持10年的话，就会变成不平凡的事了。

帝斯雷利说："健康乃是人生所有快乐与才干的基础。"的确如此。

让自己无所事事

你有没有这样的状况：某一时刻，你感到很累，突然什么也做不下去了。这个时候，就是你的身体健康向你亮出了红灯：你该休息了。

科学研究表明，如果人们在一天中经常得到能够缓解压力的休息，那么工作效率将会高得多。事实上，这是人们通过休息来加快速度和改进自己的工作，让大脑得到休息。

一旦你感到大脑有点僵化、身体疲乏，就应该立刻停止你手中的工作，让大脑得到休息，让身体得到恢复。站起来，呼吸一些新鲜空气，做做操，等等，总之，让自己活动一下，让身体放松。

有人这么说，放松一分钟，你会得到三分钟的回报。你可以欣赏一幅画、一件摆设，或去回忆一番愉快的经历，来恢复你的活力。一段真正放松的时间，一个愉快的假期是十分必要的。

有一个企业家，他在乡下有一个不错的农舍。他每年忙碌工作

10个月后，剩余的2个月就是到农舍游玩，住上一阵子。即使再有钱可赚，他也从不犹豫，一定拒绝。

那段日子里，他就变成了一个讨人喜欢的懒家伙，那所房子坐落在一座美丽的青山前，他每天清早都抄最近的荒野小道，悠闲自在地爬到山上去，仰面朝天地躺在那儿，消磨那漫长而阳光灿烂的时光——什么事也不干，什么事情也不想，彻底放松。

他这样总结说："要找个地方偷闲休息休息，哪儿也比不上荒野高山。那里像是一个洁净而空旷的露天大厅，看着浮云慢慢变幻，看它们千姿百态、美妙绝伦的形状，足以使人心旷神怡、情趣丛生。身下的草地，柔软得像丝绒，躺在上面养神歇息。那儿远离尘世喧嚣，超脱人间利害得失，使人头脑得以休息、杂念涤净，世上的噪音全都淹没在麻鹬一片单调的啾啾声中。连日舒坦地躺在草地上，不是仰望苍穹就是凝视远方梦幻般的地平线。当然，说我什么事都没干，也绝非事实，因为我抽掉大量烟叶，吃了许多三明治和小块的巧克力，喝了不少冰凉怡人的溪水。

不过，我和妻子偶尔也聊聊天，我们闲待着，什么计划也不制订，头脑里连个想法都没有；我们想在远方某地的我们的亲友正在乱哄哄地忙忙碌碌，动用心计啦，出谋划策啦，争辩啦，挣钱啦，挥霍啦；可我们就像成了仙一样，实实在在地无所事事，头脑清净，一片空白。在这人世间，万恶其实都是那些一向忙忙碌碌的人造成的，他们既不知道什么时候该忙，也不晓得什么事情该做。我悟出了一个道理：'人间缺少的不是有为，而是无为。'而且，我回来之后工作效率大大提高。"

关于有为与无为，哲学大师奥修有过精辟的阐述："我们有足够的时间，一天有24个小时，你可以奉献五六个小时给一般性的需要，你还剩下18个小时，如果你能够找到两个小时的时间什么事都不做，你的生命将会被大大地充实，那是你事先想象不到的。那么工作就不再是工作，作为就不再是作为，它变成了你的创造力。如此一来，不论你做什么，你都会很全然地去做，整个存在都会支持你，都会用更多的生命力来充满你，好像你能够将那些生命力注入你的行动，注入你的作为。突然间，你本身就变成一个魔术师，任何你所碰触到的东西都变成黄金。”

这就是无为与有为的关系。可惜，很少有人能真正参透它。

这一天，五官科病房里住进来一位病人，是鼻子不舒服。在等待化验结果期间，他对女儿说，如果是癌，他将立即辞掉公司总经理的职务，和女儿去拉萨和敦煌旅行，他已列好一张告别人生的计划表：去一趟拉萨和敦煌；到海南的三亚以椰子树为背景拍一张照片；在哈尔滨过一个冬天看冰灯；从大连坐船到广西的北海；写一本书；凡此种种。他在这张生命的清单后面这么写道：“我的一生有很多梦想，有的实现了，有的由于种种原因没有实现。现在上帝给我的时间不多了，为了不留遗憾地离开这个世界，我打算用生命的最后几年去实现剩下的这27个梦想。”

然而，检查结果出来了，他被诊断出不是癌症，而是鼻息肉。他的计划也全部化为泡影。女儿来找他，他说：“此一时彼一时呀，那是昨天的事，不是今天要办的。”结果，他仍每天忙于各种繁杂的事务中，把鼻息肉也没有当回事，结果，他的病严重了，再次住进医院，耽误了许多生意。

其实，人生路途上，不必那么劳累，不必把自己生命的发条绷得那么紧。应该在健康的时候，列出一张轻松的清单，彻底放松自己，清除工作上的各种杂念，这样，身体和工作两方面都会获得许多益处。要懂得这么一个道理：放松是为了更好地投入，因为人的最佳状态在轻松之中才能得到最好的发挥。劳逸结合是高效的必由之路，就生活经验而论，劳逸结合是高效的一个秘诀。休息和放松不是什么也不做，实际上是在养精蓄锐、蓄势待发，休息和放松可以一举多得，可以身心放松，而且可以高效工作，正所谓，成功不是苦行僧，丰富多彩是真经。

台湾著名女作家吴淡如学弗拉明戈舞，这种舞最注重脚法，她好不容易记熟动作，但跳起来时，却笨得不行。她紧张兮兮地盯着自己的脚，生怕出错，所以怎么也跳不好。

旁边的一个朋友是职业舞蹈员，提醒她说："像你这样一直看着自己的脚，全然没有办法放松身体，根本就享受不到跳舞的快乐。最糟的是：一个人如果跳舞时一直看着自己的脚，观众也会跟着注视你的脚，想知道到底出了什么问题；反之，如果你脸带微笑，大家便会看你的脸。"于是，她便按照朋友的说法，把注意力从脚部移开，随着音乐节拍，抬头挺胸微笑，果然大有改进。吴淡如告诉人们：任何事情，如果能以淡然的心态来看待，让自己变得轻松，反而可以收到更好的效果。

紧张的学习和工作之余，适当的放松原本有益健康。但一定要有一个限度，切不可放纵：以放逐灵魂为"自由"，以放弃原则为"随缘"，以感官刺激和物质享受为"放松"。古人说，玩物丧志，玩人丧德，玩己丧身。古往今来，很多失败的人生，就是从不适当的放松开始的。"一张一弛，文武之道。"这是人生的最高境界。追求健康的生活，享受真正的幸福，创造成功的人生，要从学会放松开始。

轻放疾病

人的一生，谁都会和疾病握手，关键是如何对待。

玛里琳·汉米尔顿曾担任教师并当上选美皇后，目前是加州佛瑞斯诺市的成功商人。她在29岁那年，玩儿滑翔翼失事，坠落悬崖，虽侥幸不死，但自腰部以下瘫痪，身体离不开轮椅。玛里琳是可以为此遭遇自怨自艾的，但是她没有，她反而去注意横在她面前的诸多可能，决意找出这场悲剧背后的机会。从她坐上轮椅，就不太满意，总觉得它不太方便。或许你和我是正常人，不能体会出轮椅的实用性，但是玛里琳认为她自己可以设计出更好的轮椅。于是她召集两位制造滑翔翼的朋友，开始制作新轮椅的样品。他们为自己的公司取名为“动作设计公司”。目前该公司年营业额达数百万美元，并膺选为加州中小企业楷模。该公司于1981年创立，经销店超过800家。

在艰难环境中，你看见的是自己的潜能，还是路上的绊脚石？

遗憾的是，许多人悲观多于乐观。改变人生的第一步，就是认识改变的本质。若心存无力感，便会成为没有能力的人，要想改变，就要消除无力感，从相信自己办得到开始。人群的领导者，就是那些能看见良机的人，哪怕他们走进沙漠，亦能寻到花园。不可能？那以色列是怎么办到的？如果你强烈地相信可能，就有可能达成。

一个人如果下决心要成为什么样的人，或者下决心要做成什么样的事，那么，意志或者说动机的驱动力会使他心想事成、如愿以偿。残疾人也能作出一个健康人的成就。

罗伯特·巴拉尼 1876 年出生于奥匈帝国首都维也纳，他的父母均是犹太人。他年幼时患了骨结核病，由于家庭经济不宽裕，此病无法得到根治，使他的膝关节永久性地僵硬了。父母为自己的儿子伤心，巴拉尼当然也痛苦至极。但是，懂事的巴拉尼，尽管年纪才七八岁，却把自己的痛苦隐藏起来，他对父母说："你们不要为我伤心，我完全能做出一个健康人的成就。"父母听到儿子这番话，悲喜交加，抱着他不知该说些什么，只是以泪洗面。

巴拉尼从此狠下决心，埋头勤奋读书。父母交替着每天接送他到学校，一直坚持了十多年，风雨无阻。巴拉尼没有辜负父母的心血，也没有忘掉自己的誓言，读小学、中学时的成绩一直保持优异，名列前茅。

巴拉尼 18 岁进入维也纳大学医学院学习。1900 年，他获得了博士学位。大学毕业后，巴拉尼留在维也纳大学耳科诊所工作，当一名实习医生。由于巴拉尼工作很努力，在该大学医院工作的著名医生亚当·波利兹对他很赏识，对他的工作和研究给予热情的指导。巴拉尼对眼球震颤现象深入研究和探源，经过 3 年努力，于 1905 年 5 月发表了题为《热眼球震颤的观察》的研究论文。这篇论文的发表，引起了医学界的关注，标志着耳科“热检验”法的产生。巴拉尼深入钻研，通过实验证明内耳前庭器与小脑有关，从此奠定了耳科生理学的基础。

1909 年，著名耳科医生亚当·波利兹病重，他主持的耳科研究所的事务及在维也纳大学担任耳科医学教学的任务，全部交给巴拉尼了。繁重的工作担子压在巴拉尼肩上，他不畏劳苦，除了出色地完成这些工作外，还继续对自己的专业进行深入研究。1910 年至 1912 年，他的科研成果累累，先后发表了《半规管的生理学与病理学》和《前庭器的机能试验》两本著作。由于他工作和科研有突破性的贡献，奥地利皇家授予他爵位。1914 年，他又获得诺贝尔生理学及医学奖金。

巴拉尼一生发表的科研论文有 184 篇，治愈了许多耳科绝症。他的成就卓著，当今医学上探测前庭疾患的试验和检查小脑活动及其与平衡障碍有关的试验，都是以他的姓氏命名的。

身体上的残疾不会阻碍一个人的成功，人的一生总会遇到各种各样的不幸，但快乐的人却不会将这些装在心里，他们没有忧虑。所以快乐是什么？快乐就是珍惜已拥有的一切。

如果你想生活得快乐，那么就学会知足吧！只有知足，才是寻求快乐的唯一法宝。不错，也许弥尔顿因为是盲人，才写出惊世的诗篇，而贝多芬可能正是因为耳聋，才谱出不朽的曲子。“如果我不是有这样的残疾，我也许不会做到我所完成的这么多工作。”达尔文坦白承认他的残疾对他有意想不到的帮助。

如果你的 A 弦断了，就在其他三根弦上把曲子演奏完成，同样能得到成功，赢得观众的掌声。如果我们能够做到，我们应该把只有一条腿的威廉·波里索的这句话刻在铜牌上：“生命中最重要的一件事，就是不要把你的收入拿来当作资本。任何傻子都会这样做，但真正重要的事是要从你的损失里获利。这就需要有才智才行，而这一点也正是一个聪明人和一个傻子之间的根本区别。”

所以，当命运交给我们一个酸柠檬的时候，让我们试着去做一杯甜的柠檬水。

被称为日本经营之神的松下幸之助，从小体弱多病，20 岁时被确诊为肺结核病。他的应对之道是：反正都得死，与其傻傻地等死，还不如趁着没死之前，多做一点有意义的事情。于是，他选择坦然地面对死亡，每天照常工作。奇怪的是，他的肺病并没有因此而恶化，不久反而逐渐康复了。算命先生说他只能活到 38 岁，亲友们预料他活不过 50 岁；可是他现在已经健康地活到 94 岁了，而且事业成功。

松下幸之助成功的主要原因是面对疾病他能承认事实、诚心接纳，依身体的状态，顺其自然地生活。他曾这样告诉一个因病而沮丧的部下：“其实一个人生病，最好的医生就是他自己，医生只不过在旁提供建议罢了。对于疾病，你愈怕它，它愈接近你；你愈喜欢它，它反而离你远远的。”

这一定是松下幸之助所体会出的宝贵心得，他不但接纳疾病，而且坦然地面对死亡。他面对疾病与死亡的态度，值得我们深思。松下幸之助说：“不必对疾病太过悲伤，因为其中含有重生的意义。”

生命没有保险

谈起死亡，似乎这是一个令人恐慌的话题，因为它始终是与生命相联结。可以这么说，当人真正认识到死亡的时候，也就真正认识了生命。芸芸众生，大千世界，生命其实说白了就是一个过程而已，但是这个过程是平平安安还是坎坷无比呢？这个问题让人很难说清楚。所以说，生命没有保险。既然这样，我们该如何认识和把握生命这个过程呢？

这就像路口的红绿灯，绿灯亮起，我们茫然地随着人群穿过马路，继续向前，都想安安稳稳地走完这路的十字路口，但是，谁也不会预料到会发生什么灾祸。或者，你在十字路口，看见前面有一辆汽车迎面而来，你犹豫不知道该怎么办：冲，还是不冲？这个时候，危险就降临了。

奥修说："生命就是不安全，没有可以对抗死亡的保险，你越是想让生活变得更安全、更有保障，它就越会变得枯竭而成为一个沙漠。不安全意味着你必须保持清醒，对所有的危险都很警觉，而生命永远都是在剃刀边缘，那个想要安全、有保障的概念是非常危险的，因为这样的话，你就不需要警觉和有意识。事实上，为了要避免警觉和有意识，你才想要安全和有保障。带着所有可能的不安全，一个片刻接着一个片刻地去生活。”

有一个男人，本来有一个和睦的家庭：妻子很温柔，儿子也十分可爱。有一天，他发现脖子上长了一个大包，他去了医院，医生诊断是因皮炎引起的紫外线过敏，没有什么大问题，回去少接触阳光，注意一下就行了。临出诊室时，医生把他妻子留下片刻。男人就惊慌了，疑心自己得了什么不好的病。

回到家里，他不停地问妻子。尽管她解释说医生把她留住，只不过是说她很像高中时的一个同学，可男人还是不放心。于是，他查医学书籍，又去别的医院拍片子，仍然不放心，整日忧心忡忡，连工作也没有心思干了。恐慌占据了他的整个生活。很快，他真病倒了。

这个故事启示人们，忧虑、恐慌、怀疑这种情绪是不健康的心态，而不健康的心态必然会造成不健康的身体。这种情绪长期发展下去，就是没有病的身体也会有病的。生命是无常的，任何人也不能保证身体在某一天某一时刻发生什么变故。所以，不必整日为身体担惊受怕，没有下雨先愁房子漏，那样就会像那个男人一样，耽误工作，影响事业的发展。

斯匹特是一位年轻的电脑销售经理。他有一个温暖的家和一份高薪的工作，在他的面前是一条充满阳光的大道，然而他的情绪却非常消沉。他总认为自己身体的某个部位有病，快要死了，甚至为自己选购了一块墓地，并为他的葬礼做好了准备。实际上他只是感到呼吸有些急促，心跳有些快，喉咙梗塞。医生劝他在家休息，暂时不要做销售工作。

斯匹特在家里休息了一段时间，但是由于恐惧，他的心里仍不安宁。他的呼吸变得更加急促，心跳得更快，喉咙仍然梗塞。这时他的医生建议他到海边去度假。

海边虽然有宜人的气候、壮丽的高山，但仍阻止不了他的恐惧感。一周后他回到家里，他觉得死神很快就要降临。

斯匹特的妻子看到他的样子，将他送到了一所有名的医院进行全面检查。医生告诉他：“你的症结是吸进了过多的氧气。”他立即笑起来说：“我怎样对付这种情况呢？”医生说：“当你感觉到呼吸困难、心跳加快时，你可以向一个纸袋呼气，或暂且屏住气。”医生递给他一个纸袋，他就遵医嘱行事。结果他的心跳和呼吸变得正常了，喉咙也不再梗塞了。

他离开这个诊所时是一个非常愉快的人。此后，每当他的病症发生时，他就屏住呼吸一会儿，使身体正常发挥功能。几个月以后，他不再恐惧，症状也随之消失。自那以后，他再也没有找医生看过病。

人无法避免死亡——没有人能够避免死亡——那么最好不要被它所困扰。会发生的就会发生，为什么要让那些还没有发生的事来破坏你的现在？先让它发生，然后你再去担心它。当一个人变老，死亡的影子就开始笼罩着他，那就是产生恐惧的原因。如果你觉得害怕将会来临的死亡和危险，那只是表明你没有静心。

静心，是唯一能够使人免于对死亡、老年和生病等恐惧的良药。

静心的表现是：很喜悦地活在当下这个片刻，因为没有什么好害怕的，虽然我们的生命没有任何保险，但我们的生活应该不需要任何安全保障。一个片刻接着一个片刻地去生活，信任整个存在，就好像小鸟在信任它一样，就好像树木在信任它一样，不要把你自己跟存在隔开。树木活着、小鸟活着、动物活着，它们都不知道任何关于保险的事，它们都不知道任何关于安全的事，它们不去顾忌那些，所以它们每天早晨都可以唱歌。

人无法每天早晨都唱歌，或许从来没有在任何一个早晨唱过歌。因为人生充满了不安全的噩梦，危机四伏。但是，小鸟也随时有可能被猎枪瞄准打下、树木随时都会遭到砍伐，然而它们并不担心，它们的顾虑就是在当下这个片刻，而不是在下一个片刻，这个片刻都是喜悦、都是和平，每一样东西都是鲜活的，每一样东西都是有生命力的。

勇敢地面对自己生命的磨难，承认它、接受它、转化它，也才能掌控、创造未来的命运；也唯有清除、净化旧有的垃圾，才能腾出新的空间、包容新的事物、允许新的可能性，也才可以开发自我的无限潜能、完成自我，达到事业的成功。

人不能决定自己生命的长度，但是却可以控制它的宽度；就像人不能左右天气，但是却可以改变自己的心情；人不能预知明天，但是却可以利用和享受今天。

“非典”时期，有一个因过度恐慌而失去生命的真实例子。

我的一个朋友的老母亲，一天上午，心脏病发作，病情严重，家里人要把她送到医院，可是老人家却对“非典”过度恐慌，担心到医院就会因此感染上“非典”，执拗地不肯上医院治疗。结果，等到最后急急忙忙地送进医院抢救室时，已为时过晚。虽然医护人员竭尽全力，也未能挽留住老人家的生命。如果当时能及时救治，极有可能使生命得以延续。

生命所给予人们的许多磨难，我们必须正确面对，既然生命选择了我们，我们就要好好把握，凡事都应该勇敢面对。

每个人在世间犹如一个农夫，每个人都有一亩心田，种下什么种子，就会结出什么样的果实来。若是种了恶因，就会结出坏的因缘。面对生命，我们要精心播种，要学会享受和承担。

人的生存之道

生命对于每个人来说都是重要的，那么，生存环境对于人来说更重要，而生存之道最为重要。何谓生存之道？生存之道是能在夹缝中顽强抗争，抵御来自各方的强大压力，保持自己的生存状态，找准自己的定位，为更加美好的明天努力。

鲨鱼有鲨鱼的活法，小虾有小虾的生存之道。海洋很大，对任何生命都一视同仁，人类社会也如此。自然界里，所有的生物都各有自己的生存之道，依照自己的生命轨迹生存繁衍着。

清晨，一只20厘米左右的鸡蛙在草丛里觅食，它一整天都没有吃东西了。这时，它看见一只蜻蜓正在不远的水草上产卵，鸡蛙高兴了：早餐终于有了着落。然而天不遂“蛙愿”，正当它一点点靠近蜻蜓时，一条一尺多长的蛇出现了。蛇也正在饥肠辘辘地寻找食物，看来这只一心想消灭蜻蜓的鸡蛙将要成为蛇的腹中餐了。可是事实并没有像我们想象的那样，只见鸡蛙四肢用力把身体支撑起来，然后鼓起肚皮，撅起屁股，不但瞬间猛地增了好几倍的体积，而且张开的大嘴巴简直能够把一整只鸡活活吞入腹中。变化在这瞬间出现了。只见那条蛇被鸡蛙的这种突然变形吓得转身便逃，而鸡蛙如愿地吃到了蜻蜓。

澳大利亚卡克瓦拉蜥，是一种无毒的小蜥蜴，它在受到威胁时会给自己“打气”，用空气使身体胀大两倍，显出一副很强大的样子。万一对方真要发动攻击，这种小蜥蜴会“先下手为强”，在对方采取行动之前，马上钻进石头缝里，再把身体胀大。这样一来，别的动物就只能干瞪眼了——无论怎么拽，它也出不来。

在美国墨西哥的沙漠地区，一种丑陋不堪的小动物成了深受孩子们喜爱的宠物。它的外貌有点儿像蟾蜍，头部和身上又长着许多角刺，所以人们就称它“蟾”。其实，这是一种蜥蜴，因为头上的“角”又称“角蜥”。角蜥是一种弱小的动物，它逃避敌害的方法十分奇特。在生死存亡的紧急关头，它会大量吸气，把肚皮鼓得很大，使身上一根根角刺都竖立起来；有时还从眼睛里喷射出血一样的液体，射程达一两米，把敌害吓得惊慌失措、夺路而逃。

在海洋中也有这样的动物。有一种奇怪的鱼，浑身上下长着坚硬的棘刺，活像一只陆地上的小刺猬。平时，这些棘刺就像其他鱼类身上的鳞片，平贴在身上，滑溜溜的，不容易被察觉。一旦大敌当前，它就会张大嘴巴，把海水和空气大口大口地吞进肚去，使身体变得圆鼓鼓的，棘刺也随着膨胀的皮肤立即竖立起来，就像一只带刺的大皮球。“球”内充满了空气和水，它便肚皮朝天，漂浮在水面上，还不时从嘴里发出“咕咕”声。这种恐吓战术虽然无损于敌害的一根毫毛，却能有效地用于防身。那些凶猛的海洋动物，如双髻鲨等，遇到了这种善于虚张声势的鱼，即使垂涎欲滴，也无计可施，最后只得灰溜溜地走开。

这些动物采用的都是“打肿脸充胖子”的战术，使自己脱离险境，得以生存。它们给了人类一个启示：在弱肉强食的动物世界，充满着血腥的厮杀和激烈的竞争。于是，一些身单力薄的动物，便练就了一套虚张声势的保命术。其实在人类社会里又何尝不是如此呢?

人找到自己的生存之道就能成长，利于自己的环境就能发展。既然人生存于社会之中，就应当学会如何克服自身的不利，在复杂的环境中成长，这就是生存之道的学问。做好了，人生路顺畅，事业会得到成功，并享受人生带来的欢快；做不好，就会面临更多的困厄、磨难。

第二次世界大战期间的一天上午，一架美军飞机从战火纷飞的太平洋战场，飞到了群星荟萃的美国好莱坞影城。从飞机上走下来的十几名日军战俘在美军军官的带领下，尽情地饱览好莱坞风光，观看好莱坞的影片，并与那里的影星会面，享受着只有在和平时期旅游者才能拥有的待遇。

美军为什么要这样做呢?原来是为了兑现战场上对日军战俘的一个承诺。

在此前不久，美军付出了很大的代价才攻占了太平洋上被日军占领的一个岛屿。在清扫战场时，发现还有十几个日军士兵藏在一个山洞里，美军即刻向山洞进剿。日军士兵固守在窄小的洞里，死不投降，不停地向洞外美军猛烈射击。

日军士兵从小就被灌输效忠天皇的武士道精神，即使剩下一兵一卒，也宁死不降。不管美军如何喊话，他们都顽强抵抗，拒绝投降。山洞很深，洞口窄小，炮轰轰不塌，枪打打不到。如果硬是往里面冲，就要付出得不偿失的代价；如果长期围困，又会贻误战机。美军实在没想到，竟被十几个残兵败卒弄得焦头烂额，无可奈何。

这时，有个美国士兵就像开玩笑似的向山洞里的日军士兵喊道：“你们只要放下武器，我们就带你们去好莱坞影城旅游！你们可以一睹那些风靡世界的大明星的风采！”

同他一起战斗的美国士兵都笑了起来，大家认为这是个地地道道的天大的笑话。出乎美军意料的是，枪声奇迹般地戛然停止了。日军士兵放弃了宁死不降的武士道精神，一个接一个地全部爬出了洞口，乖乖地缴械投降了。结果，就出现了前文提到的那场特殊的飞行。那些日军战俘其乐融融地陶醉在与美女明星的会面之中。

存在就是合理。大自然赋予每一个生命自身的生存之道：对立统一，阴阳交替，顺逆荣枯。怎能说没有规律呢？只要找准就能成功。不要感叹生存环境的恶劣，鲨鱼旁边不也还有小鱼，靠吃鲨鱼牙齿里的残羹而生存吗？

面对竞争程度更加激烈、形势更加复杂的中国啤酒市场竞争，如何找准自己的位置，充分挖掘并利用自己的竞争资源，采取最有效的竞争方式，快速实现自己的战略目标，是每个啤酒企业都非常关心的问题。与跨国公司和国内啤酒巨头们相比，金星在资金、管理、市场、资源整合等方面有着独到的优势，并在有效开拓中国啤酒市场的经验方面给同行带来了借鉴和启发。

金星啤酒集团老板王智说：“凡是能生存下来的企业，都有它能生存下来的理由和长处。”王智用“逆水行舟，不进则退”来概括金星生存之道。中国啤酒行业全国性大洗牌的序幕已拉开，竞争日益白热化，并向企业集团化、规模化、品牌集约化的态势发展。企业要想生存，要想立于不败之地，就得永远不停地去发展。那么，永远不停地发展，讲究的就是生存之道。

细心体会，我们就会发现经营事业与经营人生别无二致。这就是说，成功的经营之道与成功的生存之道是相通的。人的一生和他的生存方式是重合的，有怎样的生存方式就有怎样的人生。既然人在社会之中生存，就应当学会如何与各种社交面接触、做好各种角色，这是生存之道。

让生命充满阳光

每个人的生命只有一次，而生命又是稍纵即逝，因此它是珍贵的。人们生活在各种社会环境中，不仅要努力工作实现生命的价值，也要尽情地享受生命。让生命充满阳光，体会真正的快乐。

那么，怎样才能让生命真正快乐？不同的人会有不同的回答，但大部分人会这样说：成功就是人生的快乐！成功了会得到很多人的尊重，能对社会作出很大贡献，同时也会带来荣誉和财富。成功了会有很多钱，但有很多钱又是为了干什么呢？难道还不是为了你能过得更好、更开心快乐吗？

人生的目的其实就是活着，让自己活得更好、更快乐、更有价值。成功只是让你活得更好的一种手段，甚至可以当作是最重要的手段，但绝对不是目的。很多人总把成功当成人生的目的，这种人活着是不会有真正的快乐的，因为成功是没有止境的。而生命的最终目的就是为了让自己的人生更快乐。

有一个人，一生努力拼搏赚钱，终于事业有成、财产丰厚。然而不幸的是，死神突然降临到他身上，癌症使他的生命就要结束了。他这才意识到自己还没有好好享受过家庭那种天伦之乐，以前只知道整日奔波于工作之中。

于是，他对死神说："我把我财富的三分之一给你，你卖给我一年的时间，我要充分享受一下人间的真正快乐。"

"不行，你当初干什么了？现在才想起来。"死神回答道。

"那我把财产的二分之一给你，买半年的时间，这下总可以了吧？"

"不行。"死神拒绝。

"我把全部财产都给你，就买一天的时间如何？"

"不行。"死神过来就要取命。

这个人绝望了，他最后请求说："请给我一分钟的时间，我要写一份遗嘱。"

死神这次同意了。这个人艰难地写下一行字——和我一样的人们，请记住：一定要在平常的日子里充分享受生活的快乐。否则到了生命的最后时刻，悔之晚矣。

人生的快乐有许多种，而唯一最有价值的，是用自己的方式度过自己的一生。人们往往为成功付出一生的努力，但却忽视了追求成功背后的真正含义，不懂得快乐与追求的真谛，等明白后就晚了。

但如何能让人生快乐呢？因为生活中被那么多烦恼和痛苦的事所围绕，显然这种情况下快乐是难以得到的，这需要一些别的东西。需要一些什么东西呢？需要有美好的人生态度。很多人活得很痛苦，老是觉得生活没有意思，没有一点阳光，没有一丝快乐，这些都源于心态不好。

人要生活得很快乐，就必须有一种很好的生活态度。生命的存在一定会有阳光的支持。只要心中充满阳光，生命就会开出快乐之花；生命充满阳光，我们就会踏上成功之路。生命需要阳光，就要用自己积极美好的态度来寻找阳光。

面对同样一件事情，两种人就会有两种不同的态度。

我的一个朋友去上海公出。早晨，因正好是高峰时刻，出租车堵在车海中。一个年轻的司机开始不耐烦起来。等待的时候，我的朋友随口和司机聊了起来：

“年轻人，最近生意好吗？”

“有什么好？到处都不景气，你想我生意会好吗？每天十几个小时，也赚不到什么钱，唉！”

朋友感到这不是个好话题，于是换了话题，说：“不过还好，你的车很大很宽敞，即便是塞车，也让人觉得很舒服。”

司机说：“舒服个鬼！不信你来每天坐12个小时看看，看你还会不会觉得舒服？整天里一点意思也没有，烦死了。”接着，司机抱怨的话匣子打开了，朋友只能听着，一点儿想和他说话的欲望也没有了。那辆车坐得好郁闷。

第二天同一时间，我朋友再一次坐出租车去办事，然而这一次，却迥然与昨日不同。司机也是一个年轻人，但却是一张笑容可掬的脸庞，伴随的是轻快愉悦的声音：“你好，请问要去哪里？”

朋友心中有些诧异，随即告诉了自己的目的地。

他笑了笑：“好，没问题！”然而没走两步，路上的车子又堵塞了，和昨日的情景一样。司机并没表现出不耐烦，开始轻松地吹起口哨，哼起歌来。

朋友问："看来你今天心情很好嘛！"

司机笑道："我每天都是这样啊，每天心情都很好。"

朋友问："为什么呢？"之后，他就把昨日那个司机的情绪对这个司机学了一遍。

司机笑道："说不好又有什么用？没错，我也有家有小孩要养，所以开车时间也跟着拉长为12个小时。不过，日子还是得开心过的，我总是换个角度来想事情。例如，我觉得出来开车，其实是客人付钱请我出来玩儿。像今天一早，我就碰到你，花钱请我跟你到外滩玩儿，这不是很好吗？等到了那里，你去办你的事，我就正好可以顺道赏赏外滩的景色。"

朋友觉得他很幸运，一早就心情愉快，今天所要办的事情也一定能顺利。这样的司机有多难得。于是，他决定跟这位司机要电话，以便以后有机会再联系他。不一会儿，司机的手机铃声响起，有位老客人要去机场，要他去送。相信这位司机的工作态度，必定带来更多生意。

人不能左右周围的环境，但可以左右自己的心情。心理学家发现，快乐其实是一种习惯，不管大环境怎么变，快乐之心是不能改变的。当我们换一种心态去看待自己的工作，并带着游戏般的愉快心情面对工作时，你会发觉其实有许多快乐相随。

事业是每一个人生命中最重要的部分。只要调整了心态、改变心情，就能抛开不景气的阴影，开创一片格局。因为，一个人做事的效率在很大程度上取决于他的工作精神和态度。如果做事的时候感受到的只是束缚和辛苦，那么所做的事情也是敷衍了事，从而造成恶性循环，最后导致失败。反之，你变换一个角度去看待，就会有意想不到的收获。这也是成功者与失败者一个区别所在。

一个年轻的美国女人随军人丈夫到沙漠腹地去军事演习。她孤零零地一个人守在一个铁皮小屋里，炎热的气候不说，周围都是不懂英语的墨西哥人和印第安人，无法交流。她寂寞、烦躁，给远方的父母写信，想离开这个地方。

父亲的回信只是一行字：两个人同时从牢房的铁窗望出去，一个人看到泥土，一个人看到繁星。

年轻女人领会了父亲的意思，决定留下来寻找自己的"繁星"。她改变了自己的生活态度，和当地人交朋友，使自己对周围的生活有了极大的兴趣。

两年后，一本名为《快乐的城堡》的书出版了，作者就是这位年轻的女人——塞尔玛。

沙漠没有变，周围的环境没有变，为什么她却看到了"繁星"？是因为她的人生视觉变了，她的生命拥有了快乐，也就拥有了成功。

有一个中年人，事业正处在不稳定阶段，整日感到焦灼无奈，而且这种情况日渐严重，到后来不得不去看医生。

医生听完了他的倾诉后说："我开几个处方给你试试。"于是，医生给他开了 4 副药，放在药袋里，对他说："你明天上午 9 点钟以前独自到海边去，分别在 9 点、12 点、15 点和 17 点，依次服用一副药，你的病就可以治愈了。"

那个中年人半信半疑，但第二天还是依照医生的嘱咐来到海边，走到海边时刚好是清晨，看到广阔的大海，心情为之开朗。

9 点整，他打开第一个药袋，准备服用，里面没有药，只是在纸上写着两个字：谛听。

他坐了下来，谛听风的声音、海浪的声音，甚至听到了自己心跳的节拍与大自然的节奏合在一起。他已经很多年没有如此安静地坐下来谛听了，因此感觉到整个身心都得到了洗礼。

到了中午，他打开第二个药袋，处方上面写着：回忆。他开始从谛听外界的声音转回来，回想起自己从童年到少年的无忧时光，想起青年时期创业的艰苦，想到父母的慈爱、兄弟朋友间的友谊，生命的力量和热情重新在他的内心燃烧起来。

下午3点，他打开第三个药袋，处方上面写着：检讨你的动机。他仔细地回想起早年创业的时候，自己是为了服务于人群而热忱地工作，等到事业有成了，则只顾赚钱，失去了经营事业的喜悦，为了自身利益，忘却了对他人的关怀。想到这里，他已深有感悟。

到了黄昏，他打开最后一个药袋，处方上面写着：把烦恼写在沙滩上。他走到一片离大海最近的沙滩，写下“烦恼”两个字，一波海浪，立即淹没了他写的“烦恼”二字，将沙滩冲刷得一片平坦。

中年人从此精神大振，又投入到新的生命状态之中，事业有了突飞猛进的发展。

生命的安详

星期天，丈夫早晨出门钓鱼，夕阳西下时拎着空空的鱼篓回到家，但却十分高兴，没有一点沮丧之意。妻子纳闷，问："出去一整天，却连一条鱼都没有钓到，还有什么值得高兴的？"

丈夫回答："鱼咬不咬钩没关系，重要的是我今天很快乐！"

妻子还是不解。

丈夫说："对钓鱼人来说，最好的那条鱼便是自己收获的快乐。"

想想这话说得十分有理。钓鱼者没有收获鱼儿，他却收获了比鱼儿更珍贵的东西——垂钓时的闲暇、宁静和一天的安详。

相信我们每个人都能从这个钓鱼者身上看到一分休闲、一分坦然。他坦然地走在夕阳下，坦然地拎着空鱼篓而归：相信他同样也能坦然地走过一天又一天。而因为他的坦然前行，同样有理由相信：他的人生和事业都会成功。

我们的生命里，需要拥有一种很珍贵的东西，那就是——安详，让自己的内心拥有一个快乐而宁静的内在，就会让各种痛苦在安详中化解，让心里拥有真正的快乐。你若能进入安详的世界，就会发现这个世界上，有另外一方天地是你从未进入过的。

纷繁的大千世界里，生活节奏越来越快，越来越浮躁。面对这些，我们的生命更需要一种坦然。学会坦然，你就会在品味苦涩时拥有一分甘甜；学会坦然，你就会面对他人一肚子的苦水而捧出一泓清泉；学会坦然，你就会把忧愁甩在一边，露出富有朝气的笑脸。而更重要的是，学会坦然，你会宁静致远，找到成功的契机。

李敖说："拥有安详，就拥有了智慧、拥有了一切。"

有一个青年工人，家住在山区。他每次傍晚收工后，都要走一段崎岖小路才能到家。

有一天，青年工人加班，他收工后，已到半夜。当他在那段小路上走着时，突然狂风大作，乌云密布，大地一片漆黑，周围的路灯又突然熄灭。他心情非常紧张，便加快步伐赶路，在仓促间，突然脚下一滑，掉进了一个大洞中。

"救命啊！"在千钧一发之时，他努力抓住了一根树枝而没有摔入洞里。他往下看，看不到洞底，四周又黑漆漆的，伸手不见五指。他双手一直抓住树枝不放，担心会掉下"无底洞"。他无数次地高喊"救命"，希望能碰到路人，把他救上来。突然，他听到上面传来一个老人的声音："年轻人，你是不是在喊救命？"

"是啊，求您老救救我！"

老人说："年轻人，你要我救你，你一定要相信我！"

"我相信您！绝对相信！"

"那好，放开你的双手吧！"

那青年人反倒把树枝抓得更紧。

老人说：“你不紧张，就会有生存希望。”

年轻人半信半疑，问：“只要我松开手，你真的就能救我吗？”

老人说：“不是我救你，是你自己救自己。”

年轻人不懂，他索性想，相信一次吧，于是，他就松开手，结果，双脚却落在坚实的地上。原来他落地的地方距离那树枝几乎触手可及。

坦然，是一种良好的生活态度。它意味着简单、平凡、放松，意味着对自然情趣与心灵空间的延展，是心灵的自我经营。如果学会坦然，那么你就会发现成功的契机。

一位老和尚身边聚拢着一帮虔诚的弟子。这一天，他嘱咐弟子每人去南山打一担柴回来。弟子们匆匆行至离山不远的河边，人人目瞪口呆。只见洪水从山上奔泻而下，无论如何也休想渡河打柴了。

无功而返，弟子们都有些垂头丧气。唯独一个小和尚与师傅坦然相对。师傅问其原因，小和尚从怀中掏出一个苹果，递给师傅说：“过不了河，打不了柴，见河边有棵苹果树，我就顺手把树上唯一的一个苹果摘来了。”

小和尚的举止得到师傅的赞赏。后来，这位小和尚就成了师傅的衣钵传人。

砍不到柴就摘苹果，过不了河就掉头而回，坦然面对眼前的一切，也是一种智慧。历览古今，抱定这样一种生活信念的人，最终都实现了人生的突破和超越。

《左传》上有一篇记载，有个王侯跟夫人说：“我最近内心烦乱得很，怎么也安定不下来。”夫人回答说：“王心荡，王禄尽矣。”意思是说，你既然失去了内心的平和，你所拥有的一切也将会丧失。

果然，没隔多久，这位王侯便去世了。

古代达人都践行着这种坦然处世的人生观念。庄子就曾经一边坦然地卖着草鞋，一边在脑海里酝酿着他的学说；诗人白居易一生坎坷，却能以诗为伴，以乐释忧。正是因为他们在逆境中拥有从容自若的心态，才成就了千古美名。

人的一生，要面对的事情很多：事业、情感；挫折、成功，等等。只有坦然地面对，从容不迫地应对这些事情，才能保持一种心态平衡，利于事业的发展。不要因为外界的一些不利的因素而影响自己的心情，这样于己、于人都不好。“天地万物之理，皆始于从容，而终于急促”。

社会的复杂映照着人的复杂。要使自己这颗心安详，就要在杂乱的世相面前，保持镇定，不被周围的一切扰乱心扉。

郑成功在镇守台湾时，广纳天下豪杰。有一位武功高强的和尚投奔郑成功。这个和尚有着奇异的功夫。他坦臂端坐，任人在他身上用刀砍，但就像砍石头一样，刀枪不入。郑成功爱才，便留下此和尚。时间久了，这个和尚便傲慢无礼起来，连连犯错，并且还有迹象表明他和海盗有牵连。郑成功就想除掉此人。但一想到他高强的武功，又不敢轻易行动。

郑成功和一个叫刘国轩的贴身侍卫说了自己的打算，他没有想到，刘国轩一口就把此事给应许下来，说：“您放心吧，我会解决他的。”

这一天，刘国轩把和尚请到家中吃饭，好酒好菜招待和尚。酒过三巡后，刘国轩问：“师傅是佛门中人，但不知若有女人近前来侍候，会否心动？”

和尚说：“我修行多年，心坚如飘絮入泥，不会为轻风所动。”

刘国轩说："我不相信，咱们就当场试试看。"说完，就唤上来十几个美女，个个袒胸露乳，极尽天下之淫色。

开始时，和尚还没有任何反应，仍然是谈笑自如。可是过了一会儿，随着美女的忸态媚眼、浪语淫声的频频发作，和尚却闭上了眼睛。这时，刘国轩拔剑一挥，和尚的人头就惨然落地。刘国轩带着和尚的人头见郑成功，郑成功很不解，他问："你是用什么法术取下这刀枪不入的和尚的头的？"

刘国轩说："我没有什么法术，但我知道，人心定则气聚，心动则气散。那和尚闭上眼睛，说明他心已动，只是强装镇定，所以我一刀下去，便很轻松地结果了他的性命。"

心定则气聚，心动则气散。人心为世相所动，不但要误事，而且还会殃身。这位和尚就是一个典型的例子。在人生的路上，少些浮躁，多些坦然，是一种境界，是一种涵养。一旦有了这种境界，有了这种涵养，那么整个世界都会属于你，成功会离你很近。但是，放眼滚滚红尘，芸芸众生，又有几个人能真正做得到呢？

所以对于生活，我们不要过分苛求自己，要把目标和要求定在自己能力所及范围之内，不要好高骛远，这样自然就会心情舒畅，使生命呈现出安详之态。分阶段完成自己的人生目标，走向成功。

第三篇　学会自然的放弃

拒绝金钱诱惑

人生中有很多诱惑，使你难以自拔、无法抗拒。当你面对诱惑，你是否拒绝过？当你面对如此之多好事的诱惑时，你是否可以控制好自己，从容面对、从容拒绝呢？其中，人对金钱的拒绝是最难的，因为“人为财死，鸟为食亡”。这足以说明金钱的诱惑是巨大的。

在成都制造了3:6惨败之后，一向和善的辽足俱乐部终于要狠出重拳，打击那些黑色势力。一位在辽宁队效力多年的后防老将因无法拒绝金钱的诱惑，在悔过自新的机会面前依然不知悔改，已经被辽足开除离队。这位主力球员已为辽宁队效力多年，并为辽宁队重返甲A和在第二年几乎创造“凯泽斯劳滕神话”立下赫赫战功。但近年来，该球员多次在辽宁队的几场关键比赛中“发挥失常”，而且还因在一场比赛中故意放水获取了几百万的赌资而遭到了队内停赛一场的处罚，但这位球员在后来的几场敏感赛事中仍然表现得可疑。俱乐部已与该队员进行了多次谈话并给予了足够多的机会，但该球员依然我行我素，无奈之下，球队只能对这样的反面典型痛下狠手。目前，球队已经从二线队上调了一位年轻的球员以补充这一位置上的空缺，这位球员永远失去了上场的机会。

一位面临瓶颈的跳高男选手，他无法超越自己以往的纪录，求人帮忙找其中的症结。后来，一位老教练帮他分析到了其中的原因：原来每当他触杆时，就会陷入心理上的障碍，把一件很平常的触杆看成是奖杯和金钱。为了破除他的心结，老教练告诉他，如果真要想有所突破，以后的训练上就不要有那些念头。以前每次跳高，在他脑子里对金钱的想法远远超过训练，他被“钱”束缚住了，因而无法发挥内在的潜能。教练告诉他，如果下次再触杆，只要付之一笑，什么也不要想。于是，这个选手就照着教练的方法去做了。后来的结果，这个选手真的就超越了过去两年里的最佳纪录。

哲学家史威夫特说：“金钱就是自由，但是大量的财富却是桎梏。”

拒绝金钱，保持一颗朴素之心，你就会获得意外的成功。拒绝如此重要，那么如何拒绝？在我们的语言里，你可知有哪个字眼比“不”更让人难以接受的呢？有许多人因为不知如何拒绝金钱的诱惑，因而毁掉了自己的一生。金钱会带来贪婪、羡慕、欺骗，会蒙蔽人的眼睛，使好友反目。在此，我只是说金钱会带来的害处，但并不是绝对的。

美国石油大王洛克菲勒深谙这个道理，他不到 50 岁就成为亿万富翁，但是他一生之中共捐出 7.5 亿美元。

他的助手盖兹提出自己的想法：“您的财富像雪球般愈滚愈大，您必须赶紧散掉它。否则，它不但会毁了您，也会毁了您的子孙。”

洛克菲勒告诉盖兹：“我非常了解，我知道。我既无时间也无精力去处理此事，请你赶快成立一个办事处。”于是，在 1901 年，设立了“洛克菲勒基金会”，1918 年，成立了“洛克菲勒夫人纪念基金会”。洛克菲勒认为，他只是财富的保管人，所以乐于捐钱给社会大众。他没有被金钱所禁锢，他一生不做钱财的奴隶，反倒在“钱”途上一帆风顺。他喜爱滑冰、骑自行车以及打高尔夫球。到了 90 岁，他依旧身心健康、耳聪目明，日子过得很愉快。他逝世于 1937 年，享年 98 岁。他死时，只留下一张标准石油公司的股票，因为那是第一号，其他的产业都在生前捐掉或分赠给继承者了。

钢铁大王安德鲁 · 卡内基说 ：“一个人死的时候还极有钱，实在死得极可耻。”比尔 · 盖茨将他所有财产的 60% 投到慈善事业。F1 车手舒马赫在印度洋海啸后捐款 1000 万美金，这都会给人们一种对钱的思考。

拒绝是很难做到的。拒绝，一个使人难以琢磨的词语 ；拒绝，一个使人难以做到的词语 ；拒绝，是每一个人人生中都要学会的事情 ；拒绝，是靠自己去面对的。拒绝的目的是为保持那颗朴素之心，是为今后更好地发展。

有一个民间故事，说一个村子发洪水，一个穷人便带上家里所有的吃的爬到树上，而一个财主则带上所有的钱也爬到树上。洪水很久不退，穷人拿出干粮吃，财主要拿钱买干粮。穷人不卖，财主掏出所有的钱，但还是没有买到干粮，不久便饿死了。

这个故事告诉我们，在有些情况下，金钱是没有用的，连生命也不能买到，甚至还会失去生命。

四个商人和一个做杂活儿的佣人，穿越大沙漠时迷路了。所带的水喝没了，五个人生存希望渺茫。烈日炎炎，焦渴难耐。突然，一个矮个儿商人拿出他身上的一小壶水。原来，在进沙漠前他灌了一小铁壶酒，同行的商人和他开玩笑，偷偷倒出酒给他装上了水。如果给一个人喝下去，这个人很可能走出沙漠，脱离险境；如果五个人各喝一份，每人喝到一点水，毫无疑问他们都将倒在沙漠里。

三个商人同时想到能让自己喝到水的最有效办法：用金钱换取。于是，第一个商人抢先提出用 1000 元钱买那一小壶水。另外两个商人也马上竞价买水。很快，买价上升到 10 万元，最后 3 个商人愿倾其身上所有的金钱换水。

只有那个做杂活儿的佣人一声不响，他身上没有钱，因而那壶水一滴也不属于他。

然而，三个商人谁也没有买成那壶水，矮个儿的商人不为大把的金钱所动，他说："谁喝下这壶井水，谁就有可能走出沙漠。卖给你们这壶水又有什么用？你们难道看不出来，金钱的价值现在等于零吗？"

很快，三个商人为争夺那壶水而与矮个儿商人打起来，先是指责叫骂，然后拳脚相加。四个商人都倒了下去，剧烈的打骂更加快了他们的死亡。那壶水，还有那些散落在地上的大把金钱，却意外地属于了干杂活儿、身无分文的佣人，此时只要他肯弯下腰，就可以拥有梦寐以求的金钱。但佣人并没有去捡那些钱，他十分清楚，拾一张钱就可能会拾两张、三张乃至全部，沙漠中负重行走会加大干渴的程度，他虽然得到了这一小壶井水，但同样还可能倒下去。因此，佣人头也不回地离开了，最后走出了沙漠。人们似乎都知道金钱的价值，但的确有一些人不知道金钱有时连一点儿价值也没有。金钱与成功这两个词语是画不了等号的，并不是说有了金钱就能成功，相反，有时候放弃金钱，反倒会更能达到成功。

拒绝金钱，珍惜眼前的所有，否则，你会追悔莫及。金钱也会有它没有价值的时候，虽然说没有金钱是万万不能的，但是金钱也不是万能的！不要将金钱看得比什么都重要，金钱也有买不到的东西，这些往往都是最珍贵的，是金钱无法弥补的东西。

莫贪图

大千世界，有万种诱惑，金钱、名誉、美女、权力等，像一枚枚香甜的果子，让人垂涎欲滴。天下熙熙，皆为利来；天下攘攘，皆为利往。名利诱人心、惑人身。

一位农夫和一位商人在街上寻找财物。他们发现了一大堆未被烧焦的羊毛，两个人就各分了一半捆在自己的背上。归途中，他们又发现了一些布匹，农夫将身上沉重的羊毛扔掉，选些自己扛得动的较好的布匹；贪婪的商人将农夫所丢下的羊毛和剩余的布匹统统捡起来，重负让他气喘吁吁、行动缓慢。走了不远，他们又发现了一些银质的餐具，农夫将布匹扔掉，捡了些较好的银器背上，商人却因沉重的羊毛和布匹压得他无法弯腰而作罢。天突降大雨，饥寒交迫的商人身上的羊毛和布匹被雨水淋湿了，他踉跄着摔倒在泥泞当中；而农夫却一身轻松地回家了。他变卖了银餐具，生活富足起来。

这个故事让世人明白了这样一个道理：在众多的利益面前，人不要贪图。贪是一个无边无际、永无止境的黑洞。它会让人迷途无得。人如果什么都想要，反倒会失败，最终一无所获。

两百多年前，名相纪晓岚这样说，天下的船只有两条，一条是名，另一条是利。那么，我们又该如何在名利这两条船上，安全顺利地渡过人生之河呢？

我的朋友是一位很成功的经理，办公室的墙壁上任何装饰都没有，但是却在办公桌对面的墙上挂了一件西服，而且西服一个口袋也没有。我觉得奇怪，问这是为什么。朋友说："我挂这件衣服是为了提醒自己，钱财、名利都是身外之物，生不带来，死不带去，我做生意的心态就会平静而不焦躁了。"

我的这位朋友是在追求一种内心的安宁，防止"贪火"的蔓延。后来，他的生意越做越好。几年之后，就有了四家连锁店。其实，聪明的人明白，贪婪与成功成反比，它阻碍着成功的脚步，贪会让人无所得。

我儿子二年级的班里，有一个小男孩，大家都说他傻。我问儿子为什么，儿子回答："因为有人同时给他 5 毛和 1 元的硬币，他总是选择 5 毛，而不要 1 元。"

我不相信，就想试一试。一天，我去接儿子放学，就拿出两个硬币，一个 1 元，一个 5 毛，叫那个小孩任选其中一个，结果那个小孩真的挑了 5 毛的硬币。我觉得非常奇怪，便问那个孩子："难道你不知道 1 元比 5 角大吗？"

孩子小声说："如果我选择了 1 元钱，下次别人就不会跟我玩儿这种游戏了。"

我恍然大悟，这个小孩比其他任何一个小孩都聪明。如果他选择了1元钱，就没有人愿意继续跟他玩儿下去了，而他得到的，也只有1元钱。但他拿5毛钱，让自己装成“傻子”，于是“傻子”当得越久，他就拿得越多，最终他得到的，将是1元钱的若干倍。

因此，在现实生活中，我们不妨向这个小男孩看齐——不要1元钱，而取5毛钱。凡事都适可而止，保持一个度，给他人留下一个更好的印象与评价，愿意延续和你的关系，你也就会有更多的受益机会。要像那个小孩一样的“傻”，因为这会让你得到更多回报。

几个人在岸边垂钓，旁边几名游客在围观。只见一名垂钓者钓上了一条大鱼，可是钓者却将鱼丢进海里。

围观的人感叹：这么大的鱼还不能令他满意，可见垂钓者雄心之大。很快，钓者又钓上一条大鱼，钓者仍是扔进海里。第三次，钓者钓上一条小鱼。众人以为这条鱼也肯定会被放回，不料钓者却将鱼解下，小心地放回自己的鱼篓中。众人百思不得其解，就问钓者为何舍大而取小。

钓者回答说：“因为我家里最大的盘子只不过有一尺长，太大的鱼钓回去，盘子也装不下。”

也许你会说这个钓鱼者是个傻子，现在哪里还有舍大取小的人呢？在众多的物欲面前，人人都“贪”字第一，舍小取大的人越来越多。但岂不知，正如俗语说的“贪心发财，短命多祸”。贪图小便宜，终究是要吃大亏的。甚至有时候，贪婪的人往往很容易被事物的表面现象迷惑，容易上当，到时后悔晚矣。

一个猎人捕获了一只能说话的鸟。“放了我，我将给你三条忠告。”鸟说。

“先告诉我，”猎人回答道，“我发誓我会放了你。”

“第一条忠告是，”鸟说道，“做事后不要懊悔。”

“第二条忠告是：如果有人告诉你一件事，你自己认为是不可能的就别相信。”

“第三条忠告是：当你爬不上去时，别费力去爬。”

然后鸟对猎人说：“该放我走了吧。”猎人依诺言将鸟放了。这只鸟飞起后落在一棵大树上，又向猎人大声喊道：“你真愚蠢。你放了我，但你并不知道在我的嘴中有一颗价值连城的大珍珠。正是这颗珍珠使我这样聪明。”于是，这个猎人很想再捕获这只被放飞的鸟，便开始爬树。但是当他爬到一半的时候，他掉了下来并摔断了双腿。

人因贪婪常常会犯傻，什么蠢事也会干出来，所以任何时候都不要贪婪。贪婪是一种顽疾，人们极易成为它的奴隶，变得越来越贪婪。贪婪是一切罪恶之源。贪婪能令人忘却一切，甚至自己的人格。贪婪令人丧失理智，做出愚昧不堪的行为。因此，我们真正应当采取的态度是：远离贪婪，适可而止，快乐生活。我们身边有很多人因为贪婪而堕落，甚至有人为了满足贪欲，铤而走险，最终做出让自己后悔不已的事。

一只大象死在河边，被一只出来寻觅食物的狼看见了。狼高兴地想：“哇，我今天运气真好！”它快步来到大象身边，并用力朝着象鼻咬了一口，但是象鼻硬得就像根木头，狼生气地破口大骂：“这是什么鬼玩意儿，居然咬不动！”于是，它回头去咬象耳，没想到还是咬不动，大象的全身几乎都被咬遍了，仍然没有一个可以被咬下一口的部位。最后，它找到了大象的屁股，再次用力一咬，这回居然咬动了。狼开心地自言自语说：“这才像样，看来大象身上最柔软可口的地方，只有这里了！”这条贪吃的狼，从大象的屁股开始，不断往里头边钻边吃。它从象屁股吃到了象肚，当它吃完象的内脏，喝了几口象血之后，便舒服地躺在象肚里睡觉。在烈日的照射下，大象的尸体开始紧缩，特别是进入空气的肛门处，已经越缩越小。

狼醒来时，发现出口不见了，感到万分惊恐，不停地在象肚里东突西窜，又撞又踢，只是不管它怎么撞，就是撞不出一个逃生的出口。直到有一天，天空下了一场大雨，象尸因为浸泡在雨水中，全身开始发胀，不久肛门口也松开了，狼得救了！它用力地冲向出口，因为用力过猛，它身上的毛，居然全被象皮给磨光了。

看见自己全身光秃秃的，狼叹道：“唉！都怪我太贪心了，现在弄成这副德行，怎么见人呢？”

生活之中，是否有许多人就像故事里的狼一样呢？我们可以享受生活，但是绝对不可以沉溺于无休止的贪婪中。

快乐与知足

知足常乐，是人们常挂在嘴边的话，恐怕无人不知，无人不晓。虽然道理大家都明白，然而生活中能够细细品味这四个字的人并不多。每个人每天都在疲于奔命，努力工作，为着不同的生活目标而忙碌着。不论成功与否，总是不满足。人不知足，就不快乐。假如用一颗知足的心来面对生活，就会觉得每天每时每刻都是快乐的。

我所在的小区里面有一对收废品的年轻夫妻，每天一大早出门，拖着一辆破车到处捡拾破铜烂铁，等到太阳下山时才回家。每天忙忙碌碌，也许好多人觉得他们地位低下、生活得不好，可是他们过得十分快乐。吃完晚饭，他们就在门口的院子里拉弦唱歌，唱到月正当空，再进房睡觉，日子过得非常逍遥自在。当他们在拾掇那一堆堆废品时，我看到的是两张对生活充满憧憬与知足的脸。而在他们对面住了一位有钱的小老板，他每天都坐在桌前打算盘，思考生意怎么做，钱怎么赚，所以每天总是显得很烦。他看对面的夫妻每天快快乐乐地出门，晚上轻轻松松地唱歌，非常羡慕，也非常奇怪，于是他问我为什么他有钱却不快乐，而对面那对穷夫妻却会如此的快乐。

我回答他说："因为他们知足，没有心机来和别人计较，所以他们的日子最轻松，这样的人生最快乐。"

只要心安于环境，一切顺其自然，不为名利所累，就会知足。知足可收获快乐。每个人都有自己的活法，对生活都有自己的喜好和追求，对一部分人来说，"有钱"就是最大的幸福、"有钱"就能够衣食无忧、"有钱"就能够住上宽敞明亮的房子、"有钱"就能够开上心仪已久的汽车，如此等等，然而"有钱"却未必能够带来知足。

一个亿万富翁的生活质量未必就比一个普通老百姓好。当一个人功成名就、腰缠万贯之时，每日必将忙碌万分、疲于应付，赚了十万再想赚百万，把挣更多的钱摆在第一位，生活和家庭早已无暇顾及，到哪里去品味生活的快乐呢？人的欲望越多，越不容易满足，欲望越不容易满足，就越是觉得不快乐。这大概就是为什么富人总是面露烦恼、穷人每天都乐乐呵呵的原因所在。

有一天晚上，我独自漫步于胜利广场，看见一个人摇摇晃晃地朝我走来。他似乎流浪街头已有多日，浑身都是酒气。我猜想他一定会走过来乞讨几块钱。

果不其然，他迎向我开口道："能否给我一角钱？"

"一角钱？你就只要一角钱吗？"

他说："就一角钱。"

我掏了一角钱给他，同时说："我可以再给你 10 元钱。"

他笑道："我不要，你给我一角钱我就知足了。"

我听了为之一愣，望着那蹒跚离去的背影，不禁感慨：为何我们吃得饱、住得暖，却整日不快乐，总觉得生活欠了我们很多似的；而这位50开外的老人露宿街头、靠乞讨为生，却如此的知足？

人生不会给予你所要的一切，所以如果你得到了一角钱，就该有一角钱的满足。这样你就会有一个充满喜悦的人生。

有一个故事，说的是两个墨西哥人沿密西西比河淘金，到了一个河汊分了手，因为一个人认为阿肯色河可以掏到更多的金子，而另一个人认为去俄亥俄河发财的机会更大。10年后，进入俄亥俄河的人果然发了财，他不仅在那儿找到了大量的金沙，还建了码头、修了公路，使他落脚的地方成了一个大集镇。进入阿肯色河的人自分手后就没了音讯。有的说他已经葬身鱼腹，有的说他已经回了墨西哥。直到50年后，一颗重2.7千克的自然金块在匹兹堡引起轰动，人们才知道他的一些情况。

当时，匹兹堡《新闻周刊》的一位记者曾对这块金子进行跟踪，他写道："这颗全美最大的金块来源于阿肯色，是一位年轻人在他屋后的鱼塘里捡到的，从他祖父留下的日记看，这块金子是他的祖父扔进去的。"随后，《新闻周刊》刊登了那位祖父的日记，其中一篇是这样的："昨天，我在溪水里又发现了一块金子，比去年淘到的那块更大，进城卖掉它吗？那就会有成百上千的人拥向这儿，我和妻子亲手用一根根圆木搭建的棚屋，挥洒汗水开垦的菜园和屋后的池塘，还有傍晚的火堆、忠诚的猎狗、美味的炖肉、山雀、树木、天空、草原，大自然赠给我们的珍贵的静逸和自由都将不复存在。我宁愿看到它被扔进鱼塘时荡起的水花，也不愿眼睁睁地望着这一切从我眼前消失。"

事物都是一分为二的。追求这一方面的成功肯定会失去另一方面，满足了这方面必然淡化了那方面。关键是要看自己的追求，你究竟想要什么。生活之中，少些要求和欲望，就会感觉身边少了许多烦恼，多了很多快乐。

人要学会知足，不要这山望着那山高。草房不如瓦房，瓦房不如楼房，楼房不如别墅。要想完全满足，那是不可能的，因为世界上十全十美的事情是不存在的。大款有大款的快乐，乞丐有乞丐的快乐。大款的快乐就要复杂得多。因此，快乐依自己心的需要，依环境和自身的情况而定。

1915 年 5 月末，丘吉尔离开了海军部，他是内阁和军事委员会的一个成员。在这个职位上，他什么都知道，却什么都不能干。虽然有一些炽烈的信念，却无力去把它们付诸实现。那时候，他全身的每根神经都急切地想行动，而他却不能。于是，他被迫赋闲。他把绘画作为一种消遣，而且画得简直十全十美了。“我不知道还有什么在不筋疲力尽消耗体力的情况下比绘画更使人全神贯注的了。开始时集中不了精力，但后来就习惯了。”他曾这样说：“不管面临何等的烦恼，一旦画面开始展开，大脑的银幕上便没有它们的立足之地。”从此，丘吉尔以后的生活就很快乐。

人们常说知足常乐，其中的道理，不言而喻。一个人索取得越多，付出得也多，快乐就越少；索取得越少，拥有的快乐反而会更多。知足会带给人快乐，而快乐也会使人知足。

当然，从某种意义来说，知足并非是安于现状、止步不前，它只是一种美好安静的心态。

心属自然

自然不是商品，任何人都无法拥有它，但却都可以利用它。人心在五光十色的世界里被浸染得失去了自然的品质，所以也可以利用自然回归原来的品质。心源于自然，属于自然，只有融于自然之心才可发挥更大的自然力量。

人，是自然的一部分，当他追求超越自然的东西太多时，就显得沉重了。走进自然，让我们的心与自然融为一体，我们就会明白很多道理。抛弃世俗的杂念，我们也许会失去或少得到一些东西，但实质上往往会得到更多、更重要的东西。

齐宁媛，是中兴证券金融公司副总经理，她在繁忙的事务中喜欢运动——爬山。从爬山之中，她领悟到许多工作上的道理。

许多喜欢爬山的人，爬山的目的是想要征服这座山。然而对齐宁媛而言，爬山不是为了征服山，而是为了欣赏沿途的美景。她说：“山路旁的每一个生命，都有一个故事，山上有太多美好的景物，聆听鸟语，细闻花香，或在山中思索，都令人心旷神怡。”

爬山给她的启示，是爬山的人往往为了征服高山而忘记欣赏身边的美景；而处心积虑为了争权夺利而工作的人，往往为了争权夺利忽略了工作本身所带来的满足与快乐，以及工作所应具备的能力与责任；所以，有时候会得不偿失，导致工作失败。

一天，儿子从幼儿园回来，向他爸爸报告幼儿园的见闻。儿子告诉爸爸，他又有一个重大的发现。

爸爸问：“什么发现？”

儿子回答：“苹果里藏着一颗小星星。”

爸爸说：“怎么会呢？”

儿子拿过来一个苹果，放在爸爸面前，拿起水果刀，郑重其事地向爸爸展示他的发现。儿子费力地切开了苹果。但是他不是竖着切下来的，而是横向拦腰切了下去。

儿子把切开的苹果放在爸爸面前，说：“看，多漂亮的小星星。”

爸爸惊呆了：我们吃过了多少个苹果，每一次都是‘祖传’的规规矩矩的切法，从来没有想到另一种切法，当然也从没有见到苹果里美丽的星星。而这个时候，正是他被工作上的一件事情“卡壳”之时，他忽然就有了一种灵感。通常人们切苹果都是从上向下竖着切，为什么不换个方向，横着切呢？问题换了一个角度，也就得到了一个解决方法。

奥修说：“只有静心能够使你觉知到你的潜力，能够发展出那个通道，能够使你的潜力成长，能够找到它的表现。”

泰国有个叫奈哈松的人，一心想成为大富翁，他觉得成功的捷径便是学会炼金术。他把全部的时间、金钱和精力都用在了炼金术的实践中。不久，他花光了自己的全部积蓄，家中变得一贫如洗，连饭也吃不上了。妻子无奈，跑到父母那里诉苦，她父母决定帮女婿改掉恶习。他们对奈哈松说："我们已经掌握了炼金术，只是现在还缺少炼金的东西。"

"快告诉我，还缺少什么东西？"奈哈松急着问。

"我们需要 3 千克从香蕉叶下收集起来的白色绒毛，这些绒毛必须是你自己种的香蕉树上的，等你收集完绒毛后，我们便告诉你炼金的方法。"

奈哈松回家后立即将已荒废多年的田地种上了香蕉，为了尽快凑齐绒毛，他除了种自家以前就有的田地外，还开垦了大量的荒地。当香蕉成熟后，他小心地从每张个香蕉叶下搜刮白绒毛，而他的妻子和儿女则抬着一串串香蕉到市场上去卖。就这样，他安静地种了 10 年的香蕉，他终于收集够了 3 千克的绒毛。

这天，他一脸兴奋地提着绒毛来到岳父母的家里，向岳父母讨要炼金之术，岳父母让他打开了院中的一间房门，他意外地看到满屋的黄金，妻子和儿女也都站在屋中。妻子告诉他，这些金子都是用他 10 年里所种的香蕉换来的。面对满屋实实在在的黄金，奈哈松恍然大悟。从此，他努力劳作，不急不躁，终于成了一方富翁。

现实生活中，人人都有梦想，都渴望成功，都想找到一条成功的捷径。其实，捷径就在你的身边，只要你脚踏实地积极肯干，勿好高骛远，让那颗挣钱的心与自然环境相融洽、协调、保持一致，你就会得到成就。

甲、乙是在同一家公司的不如意的两个年轻人，他们一起去拜望师傅，问是不是该辞掉工作。

师傅沉思许久，只告诉他们五个字："不过一碗饭。"然后就走了。

两人回到公司，对师傅的话各自揣摩着。很快，甲就递上辞呈，回家种田去了。乙没有动，仍留在公司里。转眼五年过去了。甲以现代方法经营，加上品种改良，居然成了农业专家。乙留在公司里忍着气，整日不顺心，终于压抑成病，住进了医院。

甲到医院去看望乙，对乙说："师傅给我们同样'不过一碗饭'这五个字，我一听就懂了。不过一碗饭嘛，日子有什么难过的？何必硬留在公司？所以辞职回家种地，和自然打交道，我就快乐了许多，而且也得到了成功。"

乙说："你习惯吗？"

甲说："我离开繁华、喧闹的城市这么久，渐渐适应了那里的生活节奏和习惯，每日走在乡间的土路上，我有一种成为农人的感觉。让我的心接近自然，就有了一种前所未有的亲近感。虽然仅仅是一种感觉，我却觉得非常美好和快乐，这种美好和快乐只有我能体味。"

乙说："我怎么就没有悟到这一点呢？"

一个人每天在赚钱和人际交往上花许多精力和时间，心情自然不会好。烦恼来自外界，人心不可抵挡。但人应该学会控制自己，并成为自己心情的主人，这样才能保持经常的愉快和喜悦。

人在失意的时候，找个可以诉说自己心里话的空间，然后去吹吹风，对着大自然高喊几声，回到家里，洗去脸上的尘沙，蒙头大睡。睡醒已是新的一天，再融入人群，这时你会有一种别样的心境——开怀、从容、舒畅、晴空万里、心属自然。

虽然现在的社会生活节奏快得人们越来越远离那种心与自然之间的律动，但我们起码要向这个方向努力。只要我们能从烦乱的情绪中走出来，拥有舒缓的自然心情就好。

魏晋时的阮籍，当他心情不好时，总会漫步在山间的小路上，与花对视，听鸟说话，还时不时面对山林舒啸，心与自然不由自主地结合了，烦忧被山溪不知带向了何方。这种宣泄的方式可以说是独具个性的宣泄，一番酣畅淋漓后，内心肯定会获得从容和安详。

我的表妹和男朋友发生了口角，互不相让。男孩离去，她跑到我家垂泪。表妹心烦意乱地搅动着面前的那杯清凉的柠檬茶，柠檬片已被她捣得不成样子，杯中的茶也泛起一股柠檬皮的苦味，她要我再换一杯剥掉皮的柠檬泡成的茶。我没有说话，拿走那杯已被她搅得很混浊的茶，又端来一杯冰冻柠檬茶，只是，茶里的柠檬还是带皮的。

表妹说："我要剥皮的柠檬。"

我说："我知道。你不要着急，你知道吗？柠檬皮经过充分浸泡之后，它的苦味溶解于茶水之中，将是一种清爽甘甜的味道，正是现在的你所需要的。所以请不要急躁，不要想在 3 分钟之内把柠檬的香味全部挤压出来，那样只会把茶搅得很浑，把事情弄得一团糟。"

表妹愣了一下，问道："那么，要多长时间才能把柠檬的香味全发挥出来呢？"

我笑了："12 个小时。12 个小时之后柠檬就会把生命的精华全部释放出来，你就可以得到一杯美味到极致的柠檬茶，但你要付出 12 个小时的忍耐和等待。其实不只是泡茶，生命中的任何烦恼，只要你肯付出 12 个小时忍耐和等待，就会发现，事情并不像你想象的那么糟。"

表妹看着我，问："你是在暗示我什么吗？"

我说："我只是在教你怎样泡制柠檬茶，随便和你讨论一下用泡茶的方法是不是也可以泡制出美味的人生。”

表妹没有再说话，她面对一杯柠檬茶沉思。她说要自己动手泡制一杯柠檬茶。她把柠檬切成又圆又薄的小片，放进茶里。然后静静地看着杯中的柠檬片的每一个细胞都张开来。她被感动了，她感到了柠檬的生命和灵魂慢慢升华、缓缓释放。最后，她终于品尝到了她有生以来从未喝过的最美味的柠檬茶。她明白了，这是因为柠檬的灵魂完全深入其中，才会有如此完美的滋味。后来，表妹原谅了男朋友，她将柠檬茶的秘诀运用到她的恋爱中，她的爱情因此而变得快乐和美丽。

每个人只要细心地感受自然，将自己的生活与自然融为一体，通过心与自然的沟通交流，生命就会充满了阳光。因为心与自然同在。

“欲”字面前不动心

人“一日三餐吃得饱、春夏秋冬穿得暖”后，还会有想支配、拥有更多的东西的愿望，欲望也就随之产生了。人都是有欲望的，这是无可厚非的，但欲望最危险的地方在于被它钳制后的那种无止境的冲动：无论你已经拥有了什么、拥有了多少，遇到了诱惑的时候，你一样会动心，会去索取。

从道理上讲，一个人挣再多的钱，一天也只吃得了三顿饭、一次也只能穿一身衣服，可是为什么还是会那样没有止境地追求而永不满足呢？这就是欲望在作怪。

就像炒股票的人，股票开始赚钱时，想着还会再涨，等等吧。当股价已往下跌时，想着前几天那个高点都没卖，现在卖只能赚这么点钱，等涨回点再说，结果成了套牢一族，反受其害。

一个男人去捕鸟。他用的是一种“捕鸟器”，它像一只箱子，用木棍支起，木棍上系着的绳子一直接到隐蔽的灌木丛中。只要鸟受玉米粒的诱惑，一路啄食，就会进入箱子，然后只要一拉绳子就大功告成。

他支好箱子，藏起不久，就飞来一群野鸡，共有 9 只。它们大概是饿久了，不一会儿就有 6 只野鸡走进了箱子。男人正要拉绳子，又想，那 3 只也会进去的，再等等吧。等了一会儿，那 3 只非但没进去，反而走出来 3 只。他后悔了，心想哪怕再有一只走进去就拉绳子。接着，又有 2 只走了出来。如果这时拉绳子，还能套住 1 只，但他对失去的好运不甘心，于是又觉得总该有些要回去吧。终于，连最后那一只也走出来了。那一次，他连一只野鸡也没能捕捉到，却捕捉到了一个受益终生的道理：人的欲望是无法满足的，贪欲不仅让人难以得到更多，甚至连原本可以得到的也会失去。

美国汽车工业巨头福特曾经特别欣赏一个年轻人的才能，他想帮助这个年轻人实现自己的梦想。

他把这位年轻人叫到跟前，问："你的梦想是什么？告诉我。"

年轻人说："我一生最大的愿望就是赚到 1000 亿美元，超过福特现有财产的 100 倍。"福特问："你要那么多钱做什么？"

年轻人迟疑了一会，说："老实讲，我也不知道，但我觉着只有那样才算是成功。"福特说："一个人拥有那么多钱，将会威胁整个世界，我看你还是先别考虑这件事吧。"在此后长达 5 年的时间里，福特拒绝见这个年轻人。直到有一天年轻人告诉福特，他想创办一所大学，他已经有了 10 万美元，还缺少 10 万美元。福特这时开始帮助他，他们再没有提过那 1000 亿美元的事。经过 8 年的努力，年轻人成功了，他就是著名的伊利诺斯大学的创始人本·伊利诺斯。

执著于欲望往往使人陷入牢笼而不自知。因此，我们需要使欲望处在我们的控制之下，而不是任其疯狂蔓延，而我们只有断绝那些不良的欲望才可成功。

一个老人回到老家，他在一个小城买了一座房住下来，想在那儿宁静地打发自己的晚年。有一天，3 个小男孩开始来这里玩儿，他们玩儿得不亦乐乎。老人忍受不了寂寞，于是也出去跟他们玩儿，而且玩儿得挺开心。一连几天都是这样，老人十分高兴。

可是不久以后，几个小孩就不再来了。老人更加感到寂寞，他找到孩子们，说："如果你们每天来玩儿，我给你们 3 人每天每人 5 角钱。"

3 个小孩很高兴，更加起劲地和老人玩儿。过了 3 天，小孩子们对老人说："从明天起，我们向你要一元钱了。"

老人很不开心，但还是答应了这个条件。每天下午放学后，孩子们继续来和老人玩儿。一个星期后，孩子们对老人说："我们要你再给加一元钱。"

"两元钱？"老人惊讶。他当下决定不让孩子再到他家来玩儿了。3 个孩子走了，他们后悔当初不如不向老人再提增加钱的事了。

后悔又有什么用呢？毕竟已经失去了机会。无论大人还是小孩，欲望总是难以填平。所以说，人的欲望有时候真的很可怕，它会使你失去很多。其实，更多的时候，只要放弃了一点小小的欲望就可以得到更多，可惜很少有人能真正做得到，而在各种欲望的陷阱里越陷越深。

秦国丞相李斯，他在位高权重时期，多次想起老师荀子教诲的"物忌太盛"的话，也多次想和他的儿子一起回到故乡上蔡，过那种牵着黄狗、悠游自在的生活，但由于功利之心太重、权势之欲太盛而未能抽身离去，最终落个父子均被腰斩的下场。

东北大学校园里发生过一个这样的故事：

娜，是本校三年级本科生。童年的时候，父母离婚了，她选择跟着疼爱自己的爸爸生活。父亲不过是个普通公务员，家庭生活很清贫。厌倦了清贫生活的她发誓“别人有的我也要有”。她开始和那些条件好的同学相比，但是，毕竟每月父亲给她的生活费有限，怎么才能得到更多的钱呢？

她认为努力学习，将来毕业找个高工资的工作，太遥远了。如果去打工、做家教，太折磨自己。

一天晚上，她和室友参加一个聚会，在那里她认识了一个 39 岁的建筑工头曹。几次四人同游，娜终于凭着自己的美丽和年轻，俘获了已结婚的曹。两人一拍即合，开始在校外同居。曹经常给她一些“菜钱”，她都用来购买“生活必需品”。在她现在的观念里，美琳凯的化妆品、宝姿的服饰都是“日常生活必需用品”。

这样，她上课的时间就少了，而且浓妆艳抹，同学们都不愿意搭理她。后来，在毕业考试中，她没有及格而被留校。

欲望人人都有，尤其是在欲望没有得到满足前更是强烈。所以，抵制自己的欲望，需要有一定的自制力。把自己的欲望维持在一定的“度”中。一个无法抑制自己欲望的人，会因为缺乏自制力而难以在事业上取得成功。

有一次，令尹子佩请楚庄王赴宴，楚庄王爽快地答应了。子佩在京台将宴会准备就绪，就是不见楚庄王驾临。第二天，子佩拜见楚庄王，询问不来赴宴的原因。

楚庄王对他说：“我听说你在京台摆下盛宴。京台这地方，向南可以看见料山，脚下正对着方皇之水，左面是长江，右边是淮河，到了那里，人会快活得忘记了死的痛苦。像我这样德行浅薄的人，难以承受如此的快乐。我怕自己会沉迷于此，流连忘返，耽误治理国家的大事，所以改变初衷，决定不去赴宴了。”

楚庄王不去京台赴宴，是为了克制自己享乐的欲望。由于楚庄王能注意与欲望保持一定距离，所以他才能在登基后励精图治，成为一个治国有方的君王，成为春秋五霸之一。

楚庄王主动拒绝欲望，他的所作所为足令今人借鉴。现在有一些领导，因贪图钱财而受贿，因迷恋女色而断送前程。

古往今来，凡成大事者，必有强烈的欲望，有欲望并不可怕，关键是不要被欲望牵着鼻子走。如果你不能主宰自己的欲望，那么最好远离那些令你迷惑的对象。

缺陷也是自然的美

人无完人，上帝在造人的时候公平地赋予每个人优点与缺陷。所以，我们每个人都不完美，难免会有各种缺陷，如果因为缺陷产生无法摆脱的阴影，从此痛苦地生活，那么就不仅仅是身体上的缺陷，而是人生的缺憾了。既然缺陷不可避免，那么为什么不能直面缺陷呢？当与缺陷面对面时，你也许会发现缺陷并不可怕，你甚至可以坦然一笑——缺陷不过是美人眉间一点痣罢了。

有一个故事，说有一个圆圈，缺了一块楔子，它想保持完整，便四处去找那块楔子。由于不完整，所以它只能慢慢地滚动，一路上，它对花儿露出羡慕之色；它与虫儿谈天侃地；它还欣赏到了阳光之美。终于有一天，它找到了一个完美的配件，现在它可以说是完美的圆圈了，它开始滚动起来，由于滚动得非常快，以至于难以观赏花儿，也无暇向虫儿倾诉心声。当圆圈意识到因快奔疾驰而失去了原有的世界时，它不禁停了下来，将找到的配件弃置路旁，又开始慢慢地滚动。

这个故事告诉人们，缺陷本身也别有一番滋味。

人获得某种缺陷的同时，也获得与缺陷对抗的能力，只不过大部分人没有将这种潜能发挥出来，否则就能发现另一个全新的自己。

有个朋友，将平生积蓄全部用于投资办工厂，在一次车祸中他断了一条腿，大为沮丧，以致陷入绝望，他解散了工人，宣告工厂停产，并辞别了妻儿，开始了流浪汉生涯。

一天，他在街上的一个书摊上，看到了一本名为《自信心》的书，他被书里的精辟观点所吸引，重新燃起了再度站起来的勇气和希望。他历尽艰辛地找到作者，请作者帮助他走出困境。然而，作者在听完他的亲身经历后，却坦言对帮他走出困境无能为力，这让他再度感到濒临深渊。可这时作者却说："虽然我没有办法帮助你，但我可以介绍一个人来协助你东山再起。"

作者带他来到一个高大的镜子面前，指着镜中的他说："我要给你介绍的就是这个人，只有他能在世界上使你东山再起。你只有站起来，彻底认识这个人，否则，你就无药可救，永远残废了。"

我的朋友幡然醒悟。他反复地打量着镜中的自己，毅然回到家乡，并重新开始了他的艰苦卓绝的创业生涯，逐步找到了战胜一切困难的勇气和信心，最后终于如愿以偿，成为一个知名的成功人士。

身体的残疾不重要，而心理上的残疾才是致命的。成功者与失败者的区别就在于对待缺陷的态度上。前者总是把自己的缺陷善加利用，缺陷就会变成一种优势；而后者在缺陷面前总是怨天尤人，使自己变得一文不值。其实，缺陷恰恰是成功的前提和条件，缺陷可能又恰恰是一种美丽的优点。体育明星姚明曾这样说："优秀的人是上肢被别人挡住而脚下仍不失去平衡。即使脚下失去平衡，手上仍能做动作出手。”

缺陷并不可怕，它的可怕在于人们自己不敢直视，不敢和它面对面。人们都嘲笑照镜子的猪八戒，而我认为它却是可赞的，毕竟它有勇气面对自己的缺陷。虽然缺陷不能改变，我们却可以面对它，另寻一番天地。古今中外，一个个因身体缺陷而达到成功的名人不胜枚举。

我曾看过一张霍金的照片，这个老人，萎缩的身躯窝在轮椅里，歪歪的脖子支撑着他的头颅。身患帕金森病的他，就是用这唯一能灵活的大脑，继续他的物理学研究，攀上了连正常人都难以达到的科学巅峰。他直面了缺陷，成功地逾越了缺陷。

右手只有 4 个手指的安迪，是一名优秀的美国广播电台节目主持人，在电视台录用试镜的时候，安迪按电视台的意见戴着仿指手套，但是这样一来，他总是感到虚假和不自然。在正式主持节目时，他摘掉了手套，以最自然的态度面对观众和自身的缺陷。由于安迪真诚、自信、充满魅力的主持，他受到了热烈欢迎，成为一名杰出的电视节目主持人。观众来信不断，他们热情赞美了安迪的主持艺术，并对于他面对缺陷的坦率给予了热烈的赞美。观众接受了他的缺陷，他取得了成功。

对于生命中的种种缺陷，我们自然无法否认，但我们也不能做一个自怨自艾、自暴自弃的颓废之人。在任何时候，都应该保持一种成熟与健康的心态。要知道，缺陷也是一种美。

那尊优雅高贵的维纳斯雕像，吸引着很多人的眼睛，倒不是为她姣好的面容、窈窕的身姿，而是由于她那双断臂所带来的浮想，让世人为这缺陷叹息或浮想联翩。这样，维纳斯就牢牢地抓住了人的心灵，使人们在不知不觉中为这她神驰心游，自然就更能历久弥新了。维纳斯的创造者之所以这么做，无非是想证明：缺陷也是一种美，自有其完整或完美所不能替代的美。

那么怎样才能将缺陷变成美丽呢？这就需要一个平和的心境。巴黎圣母院的敲钟人卡西莫多已成为丑陋的代名词，但他是美丽的，他诚实善良的心灵和宽广的胸怀让他美丽起来，他是坦然的、心境平和的，所以他美丽。

缺陷同时也是一种优势，正视自己的不足与缺陷，摆正心态，扬长避短，就能化缺点为优点，使自己成为一个出众的人。

日本推销之神原一平，连续 15 年勇夺日本全国寿险业绩之冠，被尊称“推销之神”。

他身高只有 145 厘米，是个标准的“矮冬瓜”，他曾为矮小的身材而懊恼不已。后来他想通了，身材矮小是天生的，根本改变不了，克服矮小最好的方法就是坦然地接纳，让它自然地显现出来，然后，把矮小的缺点改变成优点。

他知道体格魁梧、相貌堂堂的人在访问时较易获得别人的好感，而他这样身材矮小的人在这方面要吃大亏。他认为必须以表情取胜。所以，原一平就以独特的矮身材，配上他刻意制造的表情，经常逗得客户哈哈大笑，从而谈成一笔笔订单。

“您好！我是明治保险的原一平。”他总是这么说。

“噢，你们公司的推销员昨天才来过，我最讨厌保险了，所以他昨天被我拒绝啦。”

“是吗？不过，我比昨天那位同事英俊潇洒吧？”原一平一脸正经地说。

“什么？昨天那个仁兄啊，哈哈哈，比你好看多了。”

“矮个儿没坏人，再说辣椒是愈小愈辣哟！俗话不也说‘人愈矮，俏姑娘愈爱’吗？这句话可不是我发明的啊！”

“哈哈！你这个人真有意思，来，请坐，谈谈你的保险项目……”

从原一平的访问谈话中，就可看出，他根本不隐瞒自己的缺点，相反却变缺点为优点，使自己成为一个出众的人。

原一平这样说：“若要纠正自己的缺点，先要知道缺点在哪里。”

世界上没有十全十美的事物，人也不是十全十美的，或多或少的缺陷总是会无处不在地伴随着我们的人生，我们必须敢于承认这些缺陷，并且针对缺陷去改正自己的缺点，这样才能做到正确面对缺陷而实现完整的人生。

淡化怒气

人都生过气。一项调查发现，20% 的人每天生气一次，有 60% 的人每星期生气一次。经常生气的人除了有更多健康上的困扰，还伴随着忧郁、焦虑和恐惧，并且对周围的人有一种敌意，不利于生活和工作。

在职场、家庭中，人与人之间难免发生矛盾和争吵，产生怨气和怒气。经常情绪焦虑的人伤人又伤己，不仅影响人与人的关系，也影响自己的身心健康。

从前有位富有的寡妇，在社交圈内以乐善好施闻名，她有一个忠实又勤劳的女仆。有一天，女仆心血来潮想探究主人的慈悲怜悯是发自内心的真诚，还是只是上流富有社会外表下的伪装而已。早上，女仆近中午才起床，翌晨也故技重施，女主人盛怒下对女仆施虐并鞭打她，以致伤痕累累。这事传遍邻里街坊，富有的寡妇不但声誉大跌，而且也失去了一名忠仆。

怒气是丑陋的，而且是一种具有破坏性的情绪，它蛰伏在人心，蓄势待发，并伺机操纵人的生活，令人做事违背常理。因此，无法抑制的怒气容易成为伤害身心至深的本源。然而，愤怒如同其他情绪，你可以回避。如果大家都在气头上，容易引起进一步的争吵，所以最好暂时回避它，做一些自己喜欢的事情，比如逗孩子玩儿、去商场购物，都可以转移大脑的兴奋点，让怒气在不知不觉中消失。

正如一首歌唱的那样：“无所谓，原谅这世界所有的不对。”放开了，再烦心的事也无所谓了，这也正是一种超然的自然态度。

王太太自从结婚后就对外遇特别敏感，尤其是容颜随年龄渐长而渐老，她内心开始不安，对丈夫的限制一天比一天多。在工作场合，她特别看不惯眉来眼去的年轻女孩子，觉得她们有勾搭男士的嫌疑。有时明明人家没惹她，她就是看那人不顺眼，动不动就生气，对丈夫也倍加怀疑。终于，即便她婚姻破裂，也没有得到朋友的同情。

有一个妇人，整日喜欢为一些琐碎的小事生气，家庭和事业都受到了影响。丈夫知道她这样不好，便领她去山里，求一位高僧为她解脱。

高僧一言不发地将妇人领到一间禅房中，然后锁上门，让妇人的丈夫在门外喝茶。

妇人气得跳脚大骂，骂了许久，高僧也不理会。妇人又开始哀求，高僧仍置若罔闻。妇人终于沉默了。高僧来到门外，问她：“你还生气吗？”

妇人说：“我只为我自己生气，我怎么会到这地方来受这份罪。”

高僧拂袖而去。

丈夫不解地问：“为什么？”

高僧说："她连自己都不原谅，又怎么能心如止水呢？"

过了一会儿，高僧又问妇人："你还生气吗？"

"不生气了。"妇人说。

"为什么？"

"气也没有办法呀。"

"你的气并未消逝，还压在心里，爆发后将会更加剧烈。"高僧又离开了。

高僧第三次来到门前，妇人告诉他："我不生气了，因为不值得气。"

"还知道值不值得，可见心中还有衡量，还是有气根。"高僧笑道。

妇人问高僧："大师，什么是气？"

高僧将手中的茶水倾洒于地。妇人视之良久，顿悟，说："大师，请你开门吧，我明白了。"

妇人叩谢而去。

何苦要气？气是别人吐出而你却接到口里的那种东西，你吞下便会反胃。气是用别人的过错来惩罚自己的蠢行，人生气是在跟自己怄气、过不去，还会影响自己的工作、生活和健康。人一旦生气动怒，神智便不会清楚，处理问题也会偏激，往往不会有什么好的结果。所以，无论遇到什么情况，都必须做到不动气。人若能克服自己的愤怒，便能克服最强的敌人。人一旦动怒生气，不论因为什么，首先遭到伤害的就是动怒者自己。

有一个 80 岁的武术大师。按规矩，哪个弟子能够击败他，就可以接替他。所以所有的弟子都希望有一天他会接受他们的挑战，因为现在他越来越老了。

有一个聪明的弟子，他一次又一次地到大师那里去挑战，大师笑着避开了他。弟子开始认为大师已经老弱得害怕，只想躲开挑战。所以有天晚上他一再坚持，还发火说："你不接受我的挑战，我就不走，明天早晨你必须接受。你越来越老，过不多久我就没有机会表明我向你学到了什么，这一直是个规矩。"

大师说："如果你一定要挑战，也可以，去做一件事，到附近的寺院里，那里有一个修士是我10年前的弟子。他在武术上已很有能力，结果他扔掉剑做了一名修士。他是我最适合的接班人，却没有向我挑战过，而他是唯一能向我挑战以至打败我的人。所以你先去向他挑战。如果你能击败他，那就到我这里来；如果你不能击败他，那就丢掉这个念头。"

那弟子马上去附近寺院向那修士挑战。他不相信这名单薄瘦削的修士会是一个武术大师。修士听了大笑，说道："你来向我挑战？即使是你师傅也不敢向我挑战，他也害怕。"

弟子一听完全气疯了。他说："马上站起来！这是我带给你的剑，我知道你是个修士，也许没有剑。"

修士泰然自若地说："你不过是个孩子，并不是武士。你马上就会被我杀死的，你为什么要求不必要的死亡呢？"

这话使弟子更生气了。

修士说："我不需要这剑，因为一个真正的大师从不需要它。我不会攻击你，我只是要给你个机会攻击我，好让你的剑折断。你不是我的对手，你只是个孩子，如果我拿起剑来对着你，人们就要笑话我。"

这太过分了！年轻人气得跳了起来。

这时他看到修士站起来，闭上眼睛，开始左右摇摆——突然，他发现修士已经消失了，只有一根能量的柱子——没有脸，左右摇摆着。他害怕了并开始退缩，能量柱摇摆着，开始向他移动。他扔掉了剑，用最大的声音尖叫着 ：“救救我！”

修士又坐下来，开始大笑。他的脸回来了，能量消失了，他说 ：“我告诉你，即使你的师傅也不是我的对手，去告诉他。”

弟子回到师傅那里。

大师笑着说 ：“那家伙跟你耍了个诡计？你生气了？那他就能看穿你，而那便成全了他的诡计。每当我送人到他那里去，他就开始冲着我来，我的弟子当然就生气了。当他们生气时，他就能发现他们有漏洞，从而击败他们。”

这个故事告诉我们 ：人在怒气之下，常常会做出失去理智的事情，常常会出现各种失误，而失误会导致失败。

气加上怒的煽动，情绪会燃烧得更为炽热，尤其是情绪的背后还有欲望作为支持。在怒气之下，人会失去理智，变成伤人伤己的危险动物，赔上自己的声誉、工作、朋友及所爱的人，以及心情的宁静、健康，甚至失去自我。释尊说，当一个人生气时，他将失去辛苦赚来的钱 ；他将失去勤勉工作得来的声誉及名望 ；他的朋友、亲人将与之形同陌路，不再与他为伍。那么，怎样才能避免这种不良影响呢？人类已进入情绪重负的非常时代，要想克服这种情况，只有锻炼意志，学会控制情绪。纵使受到不公平的待遇，也要抑制怒气。而最好的制怒之术是等待、忍耐，把心情放平和，等待时机，把缓解的希望保留到将来。

有一次，我坐飞机去西安。起飞前，我身边的一位先生请求空姐给他倒一杯水吃药。空姐很有礼貌地说 ：“先生，为了您的安全，请稍等片刻，等飞机进入平稳飞行后，我会立刻把水给您送过来，好吗？”

15分钟后，飞机早已进入平稳飞行状态，空姐还没有把水给拿来，先生就按响了乘客服务铃。空姐急速来到客舱，她小心翼翼地把水送到那位乘客跟前，面带微笑地说：“先生，实在对不起，由于我的疏忽，延误了您吃药的时间，我感到非常抱歉。”

这位先生指着手表说道：“有你这样服务的吗？”空姐手里端着水，无论她怎么解释，这位挑剔的乘客都不肯原谅她的疏忽。接下来的飞行途中，为了弥补自己的过失，每次给乘客服务时，空姐都会特意走到这位先生面前，面带微笑地询问他是否需要水，或者别的什么帮助。然而，这位乘客余怒未消，摆出一副不合作的样子，并不理会空姐。

临到目的地前，这位乘客要求空姐把留言本给他送过来，看样子他要投诉这名空姐。此时空姐心里虽然很委屈，但仍显得非常有礼貌，而且面带微笑地说道：“先生，请允许我再次向您表示真诚的歉意，无论您提出什么意见，我都将欣然接受！”

这位先生开始在本子上写了起来。我在一旁想，他一定是气急了。等到飞机安全降落，所有的乘客陆续离开后，我打开留言本，却惊奇地发现，那位乘客在本子上写下的并不是投诉信，相反，这是一封热情洋溢的表扬信：“在整个过程中，你表现出的真诚的歉意，特别是你的十二次微笑，深深打动了我，使我最终决定将投诉信写成表扬信！你的服务质量很高，下次如果有机会，我还将乘坐你们这趟航班！”

塞涅卡说：“怒气犹如重物，将破碎于它所坠落之处。”常听人们说“和气生财”，和气可以把很多事情办好。

从前，有一个脾气很坏的男孩。他因为坏脾气，影响了工作晋升。

男孩的爸爸给了他一袋钉子，告诉他，每次发脾气或者跟人吵架的时候，就在院子的篱笆上钉一根。

第一天，男孩钉了 13 根钉子。后面的几天他学会了控制自己的脾气，每天钉的钉子也逐渐减少了。他发现，控制自己的脾气，实际上比钉钉子要容易得多。终于有一天，他一根钉子都没有钉，他高兴得把这件事告诉了爸爸。

爸爸说："从今以后，如果你一天都没有发脾气，就可以在这天拔掉一根钉子。"

日子一天一天过去，最后钉子全被拔光了。爸爸带他来到篱笆边上，对他说："儿子，你做得很好，可是看看篱笆上的钉子洞，这些洞永远也不可能恢复了。就像你和一个人吵架，在他们心里留下的一个伤口一样。插一把刀子在一个人的身体里，身体上的伤口可以愈合，而心灵上的伤口却难以恢复，一辈子都会留在那里。"

男孩记住了爸爸的话，后来成为了一个受大家喜欢的人，工作也很快有了很大的发展。半年之后，他成为一名业务主管。

有人说："怒气就像倾塌的房屋，它在倒下的地方留下一片废墟。"的确是这样，怒气除了废墟，什么也没有给我们留下，既然这样，那我们为什么还要发怒呢？

不受名利的诱惑

时下，现实生活中，追求“名利”者越来越多，而淡泊名利者却越来越少。所以，才有灯红酒绿、宝马香车、丽人倩影；所以，才有了官场上、生活中到处溜须拍马、奴颜婢膝、人云亦云的一类人，于是，就有一批又一批被名利诱惑而走入歧途的人。到最后，才幡然悔悟，但已为时过晚。

古时候，有一个国王拥有无数的土地和金银财宝，可是他仍然觉得不够、不满足，所以闷闷不乐。

一天，有个金仙子来到本国，国王召见她。金仙子问：“国王陛下，您觉得到底要怎么样，您才会快乐呢？”

国王想了想说：“我要有一只金手指，只要我的金手指随便一指，什么东西都可以变成金子，那我就会很快乐。”

“您真的想要一只金手指吗？您要不要考虑一下？”金仙子问道。

“不用考虑了，这是我一生中最大的梦想。只要有金手指，我的梦想就能实现，我就会很快乐！”国王说。

于是，金仙子就把国王的右手变成一只金手指。国王只要随意一指，所指的东西都变成金制品。国王太高兴了。他跑到花园，闻到阵阵花香，就顺手摘朵花来闻。可是，手一碰到花朵，花朵立刻变成金花，不再有香味了。

国王饿了，看到满桌子的美味口水欲滴，想饱餐一顿。可是当他拿起盘中鸡腿时，鸡腿瞬间变成金鸡腿。最让国王生气的是，他最疼爱的小女儿跑了进来，国王很高兴地抱起她，可是，刹那间她也变成了一个金女孩。

国王大声怒吼：“来人，去把那金仙子给我抓回来！”

可是，找遍全国，国王再也找不到金仙子。国王大怒，他又饥又渴，也失去了心爱的小女儿。从此，国王非常痛苦，金手指变成了他挥之不去的梦魇。

这就是追逐名利的后果。人各有志，每个人都有自己的处世哲学和生存方式。忙于“名利”者，必过多顾此失彼。其实，淡泊名利，让自己超凡脱俗，并不是不食人间烟火，而是一种生存方式的自然呈现。没有名利场上尔虞我诈之所累，也没有名利场上明争暗斗之所苦，心静如水，笑对生活。人活着，不能全为了追求名利，应该还有比名利更为重要的东西。

非淡泊无以明志，非宁静无以致远。古有陶潜“采菊东篱下，悠然见南山”的安逸、朱熹“事理通达心气和平，品节详明德性坚定”的随和、郑燮“难得糊涂”的豁达。古往今来，大凡真正“淡泊”之人，皆能置个人得失于度外，视名利如粪土，心态平和，操守清廉，过着悠然的生活。

孔子说："富贵于我如浮云。"努力与成功没有绝对的因果关系，孔子主张尽人事以听天命，希望我们尽力去追求，却不必为"富"与"贵"之类身外物所奴役。以自己的生存方式和生活习惯平静地对待生活，不为人间蜚短流长所左右，宠辱不惊，不卑不亢，自然地工作，真实地生活。

苏东坡是一位笃信佛教之士，他与琴操在一起参禅。琴操得到他的点拨，参破禅机，领悟到人生的悲剧本质是逃不脱"门前冷落鞍马稀，老大嫁作商人妇"之结局，便看破红尘削发为尼。而苏东坡依旧恋于红尘，顺天知命，活得自我。两相比较，他比琴操明智得多。看破红尘是一条路，追求自己所向往的生活也是一条选择。影星李连杰曾这样说："名利是你做了一些工作之后，社会对你的肯定。如果为了名利去生活，你就会掉进一个没有止境的欲望黑洞。你说这个世界上谁更有名？谁更有利？谁是最富裕的人？物质欲望永远不可能满足。人有权利和愿望享受物质上的富有，但我更追求精神上的满足。"宠辱不惊，闲看庭前花开花落；去留无意，漫随天外云卷云舒。在诱惑日趋纷繁的社会里，固守节操、淡泊名利并非易事。

巴金对待名利等问题的几个故事，可以表明巴老做人的态度。

1985年，四川省委同意恢复巴金故居，并且成立了筹备小组。巴金知道后不同意，说："不要恢复故居，如果将来要搞点纪念，可以在旧址钉一个牌子，上面写"作家巴金诞生在这里，并在这里度过了他的童年和少年"。不要重建我的故居，不要花国家的钱搞我的纪念。关于我本人，我的一切都不值得宣传和表扬。"

1993年，巴金90大寿时，四川省作家协会打算以巴金的名字设立基金会和文学奖，巴金又是坚决不同意。他在信中写道："我只是一个普通的文学工作者，写作六十几年，并无多大成就。我一向不赞成以我的名字建立基金会、设立文学奖。”巴金喜欢记日记。他的许多日记，都是很美的散文，更具史料价值。人民文学出版社在出版《巴金全集》时，拟出版 2 卷巴金日记。巴金不同意，在信中写道：“关于日记我考虑了两个晚上，决定除收进《全集》外，不另行出版发行，因为这两卷书对读者无大用处。我没有理由出了又出、印了又印……”至今，巴金的日记没有出版单行本。

名利场一直被当作人性的雷区。有的人能看透并绕过去，但有的人却不能退出。查理·卓别林给儿子的信中劝诫其“不要过早地涉足名利场”。也许有人会说，社会就是一个名利场，人在江湖，身不由己，虽然有道理，但要看自己如何把握。

一天，一个乞丐无意中捡到了一只跑丢的小狗，乞丐发现四周没人，便把狗抱回了他住的窑洞里，拴了起来。

这只狗的主人是本市有名的大富翁。这位富翁丢狗后十分着急，因为这是一只纯正的进口名犬。于是，就在当地电视台发了一则寻狗启事：如有拾到者请速还，付酬金两万元。

第二天，乞丐沿街行乞时，看到这则启事，便迫不及待地抱着小狗准备去领那两万元酬金，可当他匆匆忙忙抱着狗又路过贴启事处时，发现启事上的酬金已变成了 3 万元。原来，大富翁寻狗不着，又电话通知电视台把酬金提高到了 3 万元。

乞丐似乎不相信自己的眼睛，向前走的脚步突然间停了下来，想了想又转身将狗抱回了窑洞，重新拴了起来。第三天，酬金果然又涨了，第四天又涨了，直到第七天，酬金涨到了让市民都感到惊讶时，乞丐这才跑回窑洞去抱狗。可想不到的是那只可爱的小狗已经被饿死了。乞丐一分钱也没有得到，他还是一个乞丐。

我们时常抱怨活得太累，感叹人生是一杯苦酒，就是因为我们跳不出“名利”这个笼槛。被它所诱惑，反倒会失去很多，关键是要看如何对待。

作家苏童一度也是名利场中人，他在经历过众多的人生过程之后，发表了这样一番感慨：“没有人不喜欢名声，我也喜欢。但这是外界给你的。掌声稀落的时候，不能像唱卡拉OK时那样，对大家说‘来一点掌声吧’，不是这么回事。你也只有清清嗓子，继续唱。在这里，唯一重要的是，有些人骨子里要的仅仅是名声，是写作的结果，而不能享受写作的过程。我其实一直在享受这个写作的过程。进入名利场，要有坚强的神经，别人以为你不行了，你自己也以为不行，那就完了。人不是天生正确的，但这件事必须正确。”

人生只是侥幸落到我们手中的一件暂时的礼物，荣辱祸福都只不过是过眼烟云，那种淡泊名利的豁达的胸怀才是人生最重要的。

第四篇　享受自然的恩赐

我是自然界最伟大的奇迹

中国 21 岁的选手刘翔，在雅典奥运会男子 110 米栏的决赛中以 12 秒 91 的成绩平了世界纪录，就足以说明，人是自然界一个最伟大的奇迹。赛后刘翔非常激动地说："这是奇迹，但我相信以后中国还会创造更多的奇迹，我的胜利也证明了黄色皮肤的人们也可以和那些黑人和白人跑得一样快。"

在这个世界上，没有人和你一样，以前没有，现在也没有，以后也不会有。我们每一个人的生命都是独一无二的，每一个人都可以向世界宣布：自己是一个奇迹，是一个成功者，并为此而骄傲和自豪。这一切当然要感谢你生命的造物主——自然。

也许有人会反驳，不承认这一点，因为自己目前正处于失败和挫折阶段。但你一定要坚信：你迟早会成功的。因为自然界不知什么叫做失败，终以胜利者的姿态出现。

有个商人因为经营不善而欠下一大笔债务，由于无力偿还，在债权人频频催讨下，他的精神几乎快崩溃了，因此萌生了结束生命的念头。

有一天，他独自来到一所农庄，打算享受几天最后的恬静生活。适逢瓜熟时节，他被阵阵瓜香吸引。看瓜的老人热情地摘了几个瓜，请他品尝。可是他一点儿享用的心情也没有，但出于礼貌，他还是接过瓜，并随口赞美了几句。老人家听到赞扬，非常高兴，便开始滔滔不绝地诉说着自己种瓜的辛苦。他大半生都与瓜秧相伴，曾经就在瓜苗出土时，遭遇旱灾，每天一次次来回挑水。就在收获前，一场冰雹来袭，打碎了他的丰收梦；还遭遇过一场洪水……

老人说："人和老天爷打交道，少不了要吃些苦头，但是只要咬紧牙，挺一挺也就过去了。最后瓜收获时，仍然全部都是我们的。"老人指着缠绕树身的藤蔓，对着心事重重的商人说："你看，这藤蔓虽然活得轻松，但是它却一辈子都无法抬头，只要风一吹，它就弯了，因为它不愿靠自己的力量活下去。"

商人忽然醒悟了过来，第二天，便踏着坚毅的步履离开了农庄。

5年后，他在城市里东山再起，并且成为一个现代化龙头企业的负责人。

每一个困难与挫折，都只是生活中必然的跌跤动作，我们不必太在意。因为这是一个自然过程。人生就像梅花一样，经过冰雪冷风的磨炼，才能吐露迷人的芬芳。

贝多芬，世界交响乐大师。他的《田园》交响曲被人们传颂，但是，他却是一个失去听觉的人。一个聋人能写出这样生动美好的曲子、能一次又一次地创造奇迹，在于他坚信自己就是一个奇迹。

海伦·凯勒的故事，大家都知道。她出生于美国亚拉巴马州北部的一个城镇。她 88 岁高龄传奇般的一生告诉人们：每一个人的存在，都是有价值的；每一条生命，都可以创造出奇迹。

在海伦一岁零七个月时，突如其来的猩红热产生的高烧使她失明、失聪，成为一个集盲、聋、哑于一身的残疾人。

灾难使她性格乖戾、脾气暴躁。7 岁那一年，安妮·莎利文老师来到她的身边，此后半个世纪莎利文一直与海伦朝夕相伴，用爱心和智慧引导她走出无尽的黑暗和孤寂。海伦一生创造的奇迹，都与这位年轻、杰出的聋哑儿童教育家密不可分。海伦曾这样说："假如给我三天光明，我第一眼想看的就是我亲爱的老师。"

10 岁那年，海伦开始学习说话，因听不到声音，她只能用手去感受老师发音时喉咙、嘴唇的运动，然后进行成千上万次的模仿和纠音，她终于能发出声音，能说话了。靠着不屈不挠的意志，她学会了唇读，可以通过手"听"到马克·吐温为她朗读的短篇小说，又以优异的成绩完成了世界名校哈佛大学的学业。

她还爱大自然，站在尼亚加拉大瀑布前，虽看不到那"飞流直下三千尺"的人间胜景，听不到那震耳欲聋的轰鸣，却可以从空气的震撼中领略到世界最宏大的瀑布的雄奇壮观。

小海伦在学习知识的同时，也学到了莎利文老师的爱心。凭着这份爱心，10 岁的海伦为一个 5 岁聋盲儿童成功地募集到了两年的教育费用。也许从那时起，她就已经立志要帮助世界上所有像她这样需要帮助的人。她给世界以爱心，世界回报她崇高的荣誉。1955 年，她荣获哈佛大学的荣誉学位，成为历史上第一个受此殊荣的妇女。1964 年，她被授予美国"总统自由勋章"。1965 年，她被评为"世界十大杰出妇女"。

距印度洋海啸已经一年多了，那真是一场大灾难。就在海啸之后的38天里，印度警方在该国的一个偏僻小岛上发现了9名幸存者，在这些日子里，他们在已被夷为平地的岛上各村间流浪，靠打野猪、吃椰子为生。男女都有，年龄从11岁到65岁不等。他们的存活不能不说是一个奇迹。

当然，我们不否认，在创造奇迹的时候，难免会遇到各种困境，在当今竞争激烈的环境中，只有知难而上、努力拼搏，才会脱颖而出。要始终相信自己：我是自然里一个奇迹，没有人与我相同，我能创造出奇迹。

提起温州人，不能不让人佩服。他们仅用了10年时间，就把打火机做向国际市场，打破了由日本、韩国等同行曾垄断国际市场数十年的格局，这是温州人创造的一大奇迹。目前，温州拥有打火机规模生产企业300多家，年产金属外壳打火机4.3亿只，其中80%的产品打入国际市场，温州已成为世界最大的打火机生产基地。20世纪90年代初，温州人凭借的是廉价的劳动力成本、迅捷的仿造工艺。当时，日本产金属外壳打火机的市场售价约30～40美元，而温州产打火机仅售1美元，国外同行惊呼："世上竟有人能做出如此便宜的打火机。"

很快，3000个家庭作坊仿佛在一夜之间齐刷刷诞生，上亿只打火机"涌"出国门。20世纪90年代中后期。一批注重质量的企业上规模、抓工艺、打品牌，带着过硬的产品整体出击，在更高平台上再次鲸吞国际市场。许多外国经销商怀揣钞票等候在温州提货。

国际同行撑不住了。日本广田株式会社曾是世界打火机的前三甲之一，年产数千万只打火机。而今，厂房已大部分空置，仅留有一个外包装车间，包装着来自温州的产品。曾经以打火机为主打产品的韩国和仁集团，干脆改做了打火机经销商。令人可畏可敬的温州人，用一只小小的打火机，创造了中国五金行业的奇迹。

其实，没什么奇迹是不可以创造的，只要你有信心。相信自己一定可以创造奇迹，蓝天总有你飞翔的空间。就如上帝说要有光，就有了光。任何人都能创造奇迹，谁都不是愚蠢的人，要有理由相信自己。人类历史上有很多个奇迹，都不是循规蹈矩的人能够做到的，而是由敢突破、对自己充满信心的人所创造的。尽管你很平常，要知道平凡中孕育着奇迹。每个人都蕴藏着巨大的潜力，只要你充分相信自己，你同样能创造了不起的成绩。

卡内基小时候曾梦想要成为一个足球健将。一位大学教练告诉他，这个目标他不会达到，而且不可能达到。他不动摇，开始分析自己的问题，记下了自己的目标，并研究如何达到这些目标。他发现他真正想要的不是做一个足球明星，而是希望获得足球明星所享有的雷鸣般的掌声与名气。不久，他发现如果发展他的才能，自己能成为一名公众演说家，可以赢得更长久更热烈的掌声。于是，他向着这个方向努力，终于成为一个成功的演讲家。

有一家效益相当好的大公司，为扩大经营规模，决定高薪招聘营销主管，广告一发出来，报名者云集。经过层层筛选之后，最后只剩下 3 个应聘者：甲、乙和丙。招聘工作的负责人出一道实践性试题：10 日之内，想办法尽量多地把梳子卖给和尚。

10 天之后，甲卖出 1 把，并讲述了他付出的辛苦。他游说和尚应当买把梳子，无甚效果，好在下山途中遇到一个小和尚一边晒太阳，一边使劲儿挠着头皮。他灵机一动，递上木梳，这样才卖出一把。乙卖出 10 把。他去了一座名山古寺，由于山高风大，进香者的头发都被吹乱了，他找到寺院的住持说："蓬头垢面是对佛的不敬，应在每座庙的前面放把木梳，供善男信女梳理鬓发。"住持采纳了他的建议。那山有10座庙，于是买下了10把木梳。丙卖出1000把。负责人惊讶不已。他说他到一个颇具盛名、香火极旺的深山宝刹，那里朝圣者、施主络绎不绝。丙对住持说："凡来进香参观者，多有一颗虔诚之心，宝刹应有所回赠，以作纪念，保佑其平安吉祥，鼓励其多做善事。我有一批木梳，您的书法超群，可刻上'积善梳'3个字，便可做赠品。"住持大喜，立即买下1000把木梳。得"积善梳"的施主与香客也很是高兴，一传十、十传百，朝圣者更多，香火更旺。

把木梳卖给和尚听起来荒唐，但只要你肯动脑，就会成功，就会创造奇迹。

行善者

我们应该明白这样一个道理：助人，不仅仅是帮助他人，而且也是帮助自己。虽然得不到报酬，但是帮助他人的最后结果往往是帮助自己走向成功。古今中外无数的事例告诉我们：付出可能有回报，善良更容易成功。

世界级画家梵·高很贫穷，他一个人流落异乡，无亲人也无朋友。虽然每天不辞辛苦地绘画，但他的画却常常连一张也卖不出去。他缺衣少食，饱尝了人间的冷暖、世态的炎凉。有一次，他的钱花光了，4 天只靠 20 杯咖啡加一点点面包为生。

这是个北风烟雪的黄昏，梵·高冒着刺骨的严寒一家一家地跑画店，求人买他的画，但是，没有一个人肯留下他的画。最后，他来到一家廉价的小画铺的门前，几乎是央求着老板开了门，希望他能收购下自己的一幅刚刚完成的静物画，好以此来交付房租。

善良的画铺老板可怜他是个穷人，便买下了他的画，付给了他

5个法郎。对梵·高来说，这算是相当大的恩宠了。他紧紧地攥着这5个法郎，赶忙离开了小画铺。

4年之后，梵·高在困顿中凄惨地辞别了人世，年仅37岁。

而他生前的那幅静物画，却得到了世人的认可与关注。那位善良的小画铺老板也不会想到1886年冬天的那个黄昏，梵·高那幅仅仅卖了5个法郎的静物画在若干年之后，巴黎的一家拍卖行的第九号画廊里，竟有人出价数千法郎买下了它。画店的老板因此而使自己的画店扩大了规模。

其实，真正的行善者并不图回报，真正的行善者不是那些为了行善而行善的人。即使行善者得不到回报，他的生命也会因行善而变得更有价值，更具人性的光辉。客观地说，这无疑也是一种回报。但是，自然的规律是善恶到头终有报，只是来早与来迟。行善会有得到回报的那一刻。

我的一个朋友受雇于一家商店，他告诉我由于这家商店的规矩太多，而且自己也未受到店方的赏识，因此，他目前正在寻找其他工作，准备跳槽。

有一次，我来商店看他，在和他说话时，有位顾客要求看看一些袜子。他对这位顾客的请求置之不理，继续和我说话，直到他把话说完了，这才转身向那名顾客说："这儿不是袜子专柜。"顾客问袜子专柜在什么地方，他不耐烦地说："你去那边问吧。"

我明白这么多年里他工作没有成绩的原因了：是他自己的不善良，把好的机会一次又一次地损失掉了。

有一个小伙子是一家百货商场的营业员。一个雨天的下午，有位老妇人走进这家百货商场，漫无目的地在商场内闲逛，很显然是一副不打算买东西的样子。大多数的售货员只对她瞧上一眼，然后就自顾自地忙着整理货架上的商品，以避免这位老太太来麻烦他们。而他，立刻主动地过来打招呼，很有礼貌地问她是否有需要他服务的地方。这位老太太对他说，她只是进来躲雨罢了，并不打算买任何东西。他安慰她说，即使如此，她仍然很受欢迎。当老太太离去时，他还送到门口，把伞撑开。老太太向他要了一张名片，然后径自离开了。

后来，小伙子完全忘了这件事情。但是，有一天，他突然被商场老板找到办公室去，老板向他出示一封信，是那位老太太写来的。这位老太太要求这家百货公司派一名销售员前往纽约，代表该公司接下一笔装潢生意。

原来，这位老太太就是美国钢铁大王卡内基的母亲，她也就是这位年轻店员在几个月前很有礼貌地护送到街上的那位老太太。在这封信中，卡内基母亲特别指定这名年轻人代表公司去接受这项工作。这项工作的交易金额数目巨大。这名年轻人如果不是曾好心地接待了这位不想买东西的老太太，那么，他也许永远不会获得这个晋升的机会。

善良闪耀着人性的光辉，让人是那样可信。只要能正确地运用这项法则，就可以做成你希望做的任何事情。如果你希望获得别人的尊敬以及合作，你首先应该善良。

19 世纪末，在英国的乡下，有位绅士带着他的孩子到河边野餐。一不留神，孩子意外地掉到河水里，众人一时惊慌失措，不知如何是好。这时，有个叫弗莱明的乡下小孩子，奋不顾身地跳进河水中，三两下便将小孩救了上来。

绅士十分感激弗莱明的英勇行为，便留下一个承诺：愿意负担他一生所有的学习费用。

由于绅士的资助，弗莱明学业有成，后来在一所知名的大学搞医学研究工作，负责进行有关培养细菌的科学实验。

经过不断研究，弗莱明终于在显微镜下清楚地看到了侵入培养皿的霉菌是如何不停地吞噬培养液中的细菌。1929 年，他成功地提炼出可以对抗致命病菌的“盘尼西林”，也就是至今仍被临床治疗广泛应用的“青霉素”。

“青霉素”诞生不久，英国首相丘吉尔不幸患上了在当时足以使人致命的肺炎，众医生束手无策。有人向他建议用新发明的“青霉素”试一试，这可能对治疗他的肺炎有显著的疗效。

一向固执的丘吉尔不为所动，坚决反对，说自己不愿成为试验新药的白老鼠。但当丘吉尔得知发明“青霉素”的学者原来是早年将自己从河水中救出的弗莱明之后，态度大变，高兴地说：“如果是他，我愿意试一试。毕竟在我小的时候，他曾从河水中救过我。我想这一次，他应该不至于害死我才对。”

从挫折中找到拯救世人良药的弗莱明，再次救了丘吉尔一命；而他的“青霉素”也因此被承认和应用。弗莱明从河水中救了丘吉尔的命，不然，恐怕也就没有日后的丘吉尔首相。丘吉尔的父亲资助了弗莱明的学业，不然，恐怕也就没有了拯救千千万万病人的“青霉素”。这个故事告诉人们：善良在传递中不断升华，在传递中释放越来越大的能量。人们在善良的相互传递中得到回报，在互相帮助中不断前进，走向事业的成功。

人是很容易被感动的，而感动一个人靠的未必都是慷慨的施舍、巨大的投入。往往一声热情的问候、一个温馨的微笑，也足以在人的心灵中洒下一片阳光。生活当中，不要低估了一句善良的话语、一个微笑的作用，它很可能使一个不相识的人走近你，成为你开启幸福之门的一把钥匙，成为你走上柳暗花明之境的一盏明灯。

有一位犹太传教士，每天早晨，他都到一条乡间土路上散步，无论见到谁，总是热情地打招呼。尽管在当时，当地的居民对传教士的态度很不友好。

有一个叫米勒的年轻农民，对传教士的问候，起初反应冷漠。然而，这也未曾改变传教士的热情，每天早上，他仍然给这个一脸冷漠的年轻人道一声“早安”。终于有一天，这个年轻人脱下帽子，也向传教士道一声：“早安。”好几年过去了，纳粹党上台执政。这一天，传教士与村中所有的人被纳粹党集中起来，送往集中营。在列队前行的时候，有一个手拿指挥棒的指挥官，叫道：“左，右。”被指向左边的是死路一条，被指向右边的则还有生还的机会。传教士的名字被这位指挥官点到了，他浑身颤抖，走上前去。当他无望地抬起头来，眼睛一下子和指挥官的眼睛相视了。传教士习惯地脱口而出：“早安，米勒先生。”米勒先生虽然没有过多的表情变化，但仍禁不住还了一句问候：“早安。”声音低得只有他们两人才能听到。最后的结果是：传教士被指向了右边，那是一条生存之路。

善良应用到企业，也是大有所获的。

美国钢铁大王安德鲁·卡内基对此也有深切的体会，他说：“假如你无法为别人谋取利益，就甭想成大功、立大业。”

日本著名企业家吉田忠雄，于 1934 年创立 YKK，在全球 40 个国家中拥有 43 家工厂，总资产达 8000 亿日元，年营业额高达 5000 亿日元，而且每年每股的股利高达 18%。他在数年间有如此非凡之成就，完全凭恃他独特的经营哲学——善的循环。

关于善良，他有着自己的观点和解释：“所谓善的循环是指，做善事，种下善因，此一善行必得回报；经营企业不是巧取豪夺，而是慷慨给予。因为你给予，所以你也会被给予，如此一来，就会形成善的无止境的循环。”

他的善良体现在照顾消费者的利益上面，吉田永远供应物美价廉的产品。1970年发生石油危机时，原材料上涨，拉链业普遍酝酿涨价，许多人认为天赐良机，乘机大捞一笔。吉田拒绝上涨价格，虽然亏了些钱，但赚到了信誉。吉田慷慨给予消费者，赢得YKK的金字招牌。

对员工而言，吉田鼓励员工购买公司的股票，在每年18%的高股息之下，YKK的股票从高级干部到一般职员，人人有份，除了少数股份在早期就转给代理商之外，大多保留在公司之内，吉田本身也仅持有16%，由于员工年年派发高额股利，所以大家都为公司努力工作，使公司得到更好的发展。这又是善的循环的铁证。

对在海外投资设厂而言，吉田从不考虑从中赚取利益。在当地投资赚的钱，又再投资下去让工厂壮大，并提供当地人就业机会，海外公司上轨道之后，每年向日本母公司添购制造拉链的机器数量惊人，母公司由此亦获利丰厚。这又是善的循环。

既然善良给人们带来这么多的好处，那么，我们又何乐而不为呢？

一切都是自然最好的安排

人是自然的杰作，所以人的一切都是自然的安排。有时候，一切好像都不是自己能主宰的，冥冥之中总有一种潜在的力量引着你，是谁能有这样的主导力量呢？那就是自然。

“一切都是自然最好的安排”，有人这么说。一个人，无论遇到什么挫折，都不要抱怨，不要失去希望，记住：一切都是“最好”的安排。有一个故事，说清了这个道理。

很早以前，有一个国家，人民过着悠闲而快乐的生活，因为他们有一位喜欢玩儿的国王和一位不喜欢做官的宰相。而宰相最喜欢研究人生的真理，他说得最多的一句话就是：“一切都是最好的安排。”

有一次，国王到大草原打猎。国王骑在马上追逐一头花豹，花豹奋力逃命，国王紧追不放，国王从容不迫地拉弓射箭，利箭像闪电似的，不偏不倚射入花豹的头，花豹惨叫一声，倒在地上。国王很开心，他以为花豹被他射死了，一时竟失去戒心，居然在没有人跟着时下马察看花豹。没有想到，花豹就是在等待这一瞬间，突然跳起来向国王扑过来。花豹张开血盆大口咬来，国王的手指被花豹咬掉了，血流不止。

国王回宫以后，宰相知道了这事，来看国王，微笑着说：“大王啊，少了一小块肉总比少了一条命来得好吧！想开一点，一切都是最好的安排。”

国王一听，不高兴了，说：“你真是大胆！这怎么是最好的安排呢？”宰相看见国王十分愤怒，却仍然毫不在意地说：“大王，真的，如果我们能放大眼界，一切都是最好的安排。”

国王说：“如果寡人把你关进监狱，这也是最好的安排？”

宰相微笑说：“如果是这样，我也深信这是最好的安排。”

国王勃然大怒，对侍卫下令说：“你们马上把宰相关进监狱里去。”

宰相对国王一笑，说：“这也是最好的安排。”

国王大手一挥，两名侍卫就架着宰相走出去了。过了一个月，国王养好伤，打算像以前一样找宰相一块儿微服私巡，可是想到是自己下令把他关入监狱里，一时也放不下身段释放宰相，叹了口气，就自己独自出游了。他来到一处偏远的山林，却被一伙强盗五花大绑，带回山上。当他被带到一口比人还高的大锅旁，看见柴火正熊熊燃烧，吓得脸色惨白。大祭司现身，脱光国王的衣服，要拿他祭祀鬼神。

就在这时，大祭司发现国王的左手小指头少了小半截，他下令说：“把这个废物赶走，另外再找一个。”脱困的国王欣喜若狂，飞奔回宫，立刻叫人释放宰相。国王设宴，为自己保住一命、也为宰相重获自由而庆祝。

国王向宰相敬酒说："爱卿啊，你说得真是一点也不错，果然，一切都是最好的安排。如果不是被花豹咬一口，寡人今天连命都没了。"

宰相回敬国王，微笑说："贺喜大王对人生的体验更上一层楼了。"

国王忽然问宰相说："寡人救回一命，固然是'一切都是最好的安排'，可是你无缘无故在监狱里蹲了一个月，这又怎么说呢？"

宰相慢条斯理地喝下一口酒，说："大王，您将我关在监狱里，确确实实也是最好的安排啊！"

他饶有深意地看了国王一眼，说："您想想看，如果我不是在监狱里，那么陪伴您微服私巡的人，不是我，还会有谁呢？那么也只有我被丢进大锅中烹煮了。所以，您也救了我一命啊！"

国王忍不住哈哈大笑，说："果然没错，一切都是最好的安排！"

有时候，我们遭遇到什么不顺心的事情时，总会觉得自己是全世界最不幸的可怜人，其实，可以这么想：生命中每个挫折都有其意义，振作起来，相信一切都是自然的最好安排。无论做什么，你都要充满信心。假如你正在失恋中，你也不必沮丧，告诉自己：一切都是自然的最好安排，相信你的白马王子一定会在前面的不远处等着你，你一定会和你的白马王子幸福地生活在一起。

有一首歌这样唱：

在人的一生中所遭遇的困境，
在当下或许是如此难以接受，

但在之后突然某一时刻中会觉得，

这是最好的安排，

不完美，正是一种完美。

有一位名人说：“我们永远不会知道明天和意外，哪一个会先到。”

生命本来就是被安排的，因此我们的一切，也应该相信所有的安排，它们都是最好的安排！失败的时候，告诉自己，这是老天的安排，然后努力再继续为目标而奋斗；成功了，这也是老天的安排，告诉自己，这是我自己奋斗的结果。学会顺其自然，让自己接受现实的一切。

有一个很失意的生意人，爬上了一棵樱桃树，准备从树上跳下来，结束自己的生命。就在他决定往下跳的时候，学校放学了。成群的小朋友跑了过来，看到他站在树上。一个小朋友问他：“你在树上做什么？”

总不能告诉小孩要自杀吧！于是，他说：“我在看风景。”

“那你有没有看到身旁有许多樱桃？”另一个小朋友问道。

他低头一看，发现原来自己一心一意想要自杀，根本没有注意到树上真的结满了大大小小的红色樱桃。

“你可不可以帮我们采樱桃啊？”小朋友们说，“你只要用力摇晃树干，樱桃就会掉下来。拜托啦！我们爬不了那么高。”

失意的人有点儿意兴阑珊，但是又拗不过小朋友们，只好答应帮忙。他开始在树上又跳又摇，很快，樱桃纷纷从树上掉下来。地面上也聚集了越来越多的小朋友，大家都兴奋而又快乐地捡拾着樱桃。

一阵嬉闹之后，樱桃差不多掉光了，小朋友们也渐渐散去了。那个失意的人坐在树上，看着小朋友们欢乐的背影，不知道为什么，自杀的心情和念头都没有了。他在周围采了一些还没掉下去的樱桃，无可奈何地跳下了樱桃树，拿着樱桃慢慢走回了家。

在他回到家时，看到的仍然是那破旧的房子，与昨天一样的老婆和孩子。但是孩子们高兴地看到爸爸带着樱桃回来了。当一家人聚在一起吃着晚餐，他看着孩子们快乐地吃着樱桃时，忽然有了一种新的体会和感动，他心里想：或许这样的生活还可以让人活下去吧……

这个失意的人放弃了自杀的念头。

这个故事说明：失望的尽头总会有新的希望产生，一切都是自然最好的安排。人生的天空永远不会是晴空万里，人不能左右天气，但能左右自己的心情。姚明说："生活如天气，今天晴空万里，明天也许会阴天下雨。"

"橘生淮南则为橘，生于淮北则为枳。"这是古人传给我们的经验，也是客观存在的现实。这也证实了：一切是自然最好的安排。明智的人选择顺应自然的安排，不同的季节收获不同的果实。

善待失意

人生得意，可歌可贺；人生失意，亦需善待。失意不是人的必需品，而是必由之路，谁也不愿意经历失意的风雨，都希望看见成功的彩虹。但是不经风雨怎见彩虹？面对失意，不要失望，时间和自然会给你新的启示，只要你正确地对待，别难为自己就好；不要忧郁，也不要愤慨，相信明天会更好。即使一时不见曙光，也不要急，要耐心、平静地等待。因为心态决定人生的命运。

“假如生活欺骗了你，不要忧郁，不要愤慨，不顺心时暂且克制自己，相信吗？快乐之日就要到来。”诗人普希金在失意之时这样说。

抬头看看天，你看到的则是一片辽远的天空，一个充满希望的并让你飞翔的天空。面对失意，面对人生的苦难，人们呈现出各自的应对方式：屈原选择了汨罗江；杜甫选择了“无家对寒食，有泪如金波”；苏东坡选择了“我欲乘风归去，又恐琼楼玉宇，高处不胜寒”。

江西九江有两家同行企业，一家企业老板继承父辈的丰厚产业后，从未受到挫折；而另一家企业老板则经历几度商海沉浮。

那年，一场市场风暴使两家千万资产的企业一夜间破产。前一企业老板意志消沉，先是以酒消愁，最后跳楼自杀。后一企业老板却痛定思痛，以创业时的那股精神，重整旗鼓，奋力拼搏，卧薪尝胆，又东山再起。

过去属于死神，未来属于自己。不要陷入脆弱的颓废和沉沦，创伤就是前进的动力，挫折就是生命的财富。那两位老板同途殊归的原因，就是以不同的心态对待人生的失意和挫折。人在成长和工作中，不可能总是花好月圆、一帆风顺而没有失意和挫折，总会遇到这样那样、或多或少的失意。倘若在失意时浑浑噩噩、一蹶不振，那只会失意又丧志。相反，如果我们吸取教训，完善自己，那就会踏上成功之路。

冯姐是一个三十出头的女人，丈夫不幸去世之后，她一直萎靡不振，振作不起继续生活的勇气。

有一天，她的父母带她去观看马拉松大赛训练。在两位老人的鼓励之下，她穿上了运动衣，换好了运动鞋，加入了大赛的训练。这是她在丈夫死后做出的第一件“有朝气”的事情。

她的父母看到她有所振奋，都非常高兴，不断地为她加油、喝彩。但是，他们心中有数，她目前的身体还很虚弱，是根本不可能坚持跑到马拉松终点的。不过，只要她能参加，能跑出起点，就很值得为她祝贺，因为她又焕发了生活的勇气。

在比赛的那一天，冯姐从早上跑到下午，有的人跑到了终点，有的人在中途停了下来。她的父母始终没见到她，于是就到马拉松的终点处等她，可一直等到傍晚，还是不见她的影子，便沿着路线一路找寻她而来。他们看见冯姐在一步一步地在向终点跑着。天已经黑了下来，父母劝她停下来，可是她继续坚持向前跑着。

结果，当她艰难地跑到了终点之后，电视台记者、组委会的人，以及许多好奇的热心人，都为她欢呼雀跃。她虽然是“最后一名”，但是她却赢得了比第一名还热烈的掌声。她在接受记者采访时说：“我一生最大的愿望，就是能和丈夫白头偕老。没想到丈夫先走了，我感到我也到达了人生的终点，不想再继续跑下去了。但是，在参加马拉松训练的过程中，我逐步领会到，我的人生还没有到达终点，不论那道路有多么孤单、多么黑暗、多么危险，我都要满怀希望地跑下去。”

记者在对冯姐的报道中写下了这样的感叹：“只有善待生命，在人生马拉松道路上满怀希望奔跑的人，其生命才能闪烁出夺目的光辉，赢得别人尊敬的目光，才是一个真正的成功者。”

人总是在得意与失意之间生活。一次失意是对人生的一次考验，关键是如何从失意的废墟上重新站起。尼布尔有一句有名的祈祷词说：“上帝，请赐给我们胸襟和雅量，让我们平心静气地去接受不可改变的事情；请赐给我力量去改变可以改变的事情；请赐给我们智慧，去区分什么是可以改变的、什么是不可以改变的。”

有一位画家，举办过十几次个人画展，参加过上百次画展。无论参观者多与否、有没有获奖，他的脸上总是挂着开心的微笑。

在一次朋友聚会上，一位朋友问他：“你为什么每天都这么开心呢？”

他微笑着反问：“我为什么要不开心呢？”

尔后，他讲了他儿时经历过的一件事情：“我小的时候，兴趣非常广泛，也很要强。画画、拉手风琴、游泳、打篮球，样样都学，还必须都得第一才行。这当然是不可能的。于是，我闷闷不乐，心灰意冷，学习成绩一落千丈。有一次，我的期中考试成绩竟排到全班的最后几名。

父亲知道后，并没有责骂我。他找来一个小漏斗和一捧玉米种子，放在桌子上。告诉我说：‘今晚，我想给你做一个试验。’父亲让我把双手放在漏斗下面接着，然后捡起一粒种子投到漏斗里面，种子便顺着漏斗落到了我的手里。父亲投了十几次，我的手中也就有了十几粒种子。然后，父亲一次抓起满满一把玉米粒放到漏斗里面，玉米粒相互挤压着，竟一粒也没有掉下来。父亲意味深长地对我说：‘这个漏斗代表你，假如你每天都能做好一件事，每天你就会有一粒种子的收获和快乐。可是，当你想把所有的事情都挤到一起来做，反而连一粒种子也收获不到了。’20 多年过去了，我一直铭记着父亲的教诲：‘每天做好一件事，坦然微笑着面对生活。’”

人在遇到挫折的时候，坦然微笑着面对生活，要学会适应，这样就可以感受到成功的境界。

秀是太湖边上的女孩，她家世代采珠。她几经努力，也没有迈进大学的校园，后来，她在市场支起一个小摊子，卖起珍珠来。临走时，她告诉别人说：“当沙子进入蚌的壳内时，蚌会觉得非常不舒服，但是又无力把沙子吐出去，所以蚌面临两个选择，一是抱怨，让自己的日子很不好过，另一个是想办法把这粒沙子同化，使它跟自己和平共处。于是蚌开始把它的精力和营养分一部分去把沙子包起来。当沙子裹上蚌的外衣时，蚌就觉得它是自己的一部分，不再是异物了。沙子裹上蚌的成分越多，蚌越把它当作自己，就越能心平气和地和沙子相处。蚌并没有大脑，它是无脊椎动物，在演化的层次上很低，但是连一个没有大脑的低等动物都知道要想办法去适应一个自己无法改变的环境，把一个令自己不愉快的异己，转变为可以忍受的自己的一部分，人怎么会连蚌都不如呢？”

善待失意，常常会产生一种无形的鞭策，催人奋进，将失意当作攀登时的手杖。善待失意，就能战胜失意。切莫学那王鱼。

在布拉特岛的水域中，有一种特别的鱼——王鱼。王鱼有一种本领，能吸收一些较小的动物贴在自己的身上，然后慢慢地将其吸收为自己身上的鳞。王鱼是非常痛苦和难堪的，遭到各种鱼的奚落。它无法再适应这个环境，游动得也很不自然，最后它只好去自残，往岩石上猛撞，然后挣扎数日后死去。

凡事感恩

人为什么总是觉得心灵空虚？为什么脸上总是愁云密布？为什么眉头总是紧皱？在安逸的环境中，心沉睡在无所事事的无奈中；在危难来临时，心被忧虑与担心侵袭。那么，怎么样才能让心灵重获喜乐的滋润？答案很简单：凡事感恩。

这绝对是一剂良药，不要怀疑。因为万事都互相影响，如果我们凡事感恩，无论处于顺境中，还是处于逆境中，我们都会得到益处，心灵都会得到满足与喜悦。无论是好事，还是不好的事，我们都要感恩。只有凡事感恩，才能常常喜乐。

有一位基督徒，他常常说“感谢主”，所以人就给他起绰号为“感谢主”。他是个商人，年底时到各处收账。有一次，他在回家途中碰到强盗，他的钱包被抢去。但即使这样，他仍是满口地说“感谢主”。人们听了很奇怪地问他说：“你既然被抢，还有什么可感谢主的？”

他应声说："最少有四个理由叫我应当感谢主。第一个理由就是有人被抢几次，我只有一次。第二个理由就是被抢去的钱不多，那条数目最大的账，欠账的人因为还钱不便，再过两三天要自己送来。假使他们之前还我，那么我的损失就更大了。第三个理由就是钱虽被抢去，人却平安，没有受到伤害。第四个理由就是人抢我，不是我抢人。"

我们常常想不到这些应当感谢主的地方，反倒常注意那些不如意的地方，以至不能感恩、反生怨叹。我们若能凡事感恩，那样就不会吃亏；若是心里存着埋怨，怨天尤人，就会吃大亏。

军阀时期，有一个反对基督教的军长。一天，他偶然到辖区礼拜堂听牧师讲道。那个牧师的讲题是要常常喜乐，不住地祷告：凡事感恩。

这位军长为试验牧师言行是否相符，就把一个莫须有的罪名加在牧师身上，把他抓去，关在监牢里，并且观察他的反应。晚上他听见牧师祷告说："主啊，我感谢你在这被关监牢里的时间给我专门祈祷读经的机会。"

军长听了，就把他的圣经没收了，然后再观察他的反应。

牧师祷告说："主啊！感谢你，过去的日子，我有圣经可读。今天我的圣经被人没收了，让我有机会背诵圣经。我还有许多经文背不出来，叫我立志以后有圣经可读的时候，更要熟读圣经。"

军长更进一步试他，判他死刑，实际不过让他陪斩而已。当正犯斩首后，眼看快要轮到他了。牧师祷告说："主啊，我感谢你，因为你救赎我，你用恩惠、慈爱跟随我到一生一世。现在求主接受我的灵魂，并看顾我的妻子、儿女。"

军长听了很感动，把他释放，并对他说："对不住，你是无罪的。我这样做是想知道你所说的道理是否能够实行出来。现在我知道你言行一致，叫我相信你所讲的道理和你所信仰的宗教。你威武不屈的精神、临死不怕的勇气，叫我佩服。从今以后，我每逢礼拜日要到礼拜堂听你讲道。”这位军长后来成为一个热心的基督徒，而他也在多次的战斗中，依然没有受伤。

感恩节，在美国是很重大的节日，家人都从各方赶来团聚，好像我们中国人过农历年一样。而我们身边的大多数人，还不知道感恩节的意义是什么。他们只说感恩节是个公共假日，是家人团圆、吃火鸡、快乐的节日，全然失去了感恩节的意义。其实，感恩要贯穿在平常的生活当中，用一种感恩的眼光去看待周围的一切。

1975 年 4 月 2 日，美国芝加哥遭遇空前的大风雪，交通因之断绝。飞机不得起飞，车因雪厚不能行驶。这次的大风雪，死伤多人。

有一对母子因琐事而正闹矛盾。这时，一只小鸟因受伤不能飞了，就在这家的窗外啄玻璃求救。里面的小孩子看见后，就要求母亲救小鸟。于是，母亲就按照儿子说的去把小鸟接到屋内，小孩十分喜欢，视小鸟为珍宝，很爱护它。小鸟伤愈后，就不喜欢被小孩拿在手中，一直挣扎要飞。

母亲对小孩说：“你若爱护小鸟，就要放它出去，给它自由，让它高飞在天空。”

此时，大风雪也已停了，小孩听母亲的话，把小鸟放走了。看见小鸟自由快乐地高飞，小孩就对母亲说：“感谢上帝给我机会，让我可以拥有几个小时的时间能与小鸟在一起。”

母亲听了也深受感动，说：“我从我儿子那里得到凡事要感恩的道理。我以前从不晓得向主感谢。”结果，母亲和儿子的关系和好如初了。

有一首诗说："有人有饭不能吃，有人想吃没有饭。我今有饭又能吃，怎能闭口不感谢？"

其实无论我们生活的环境好与坏，都要学会感恩，用一颗博爱之心去待之，这样你就会有收获。

一个镇子上有一位智慧的老人，他每天坐在加油站外面的椅子上，向准备来镇上投宿的人打招呼。这天，他和孙女俩坐在那里，一位身材很高的男人过来打听，想要找地方住下来。

陌生人问："这是个怎样的城镇？"

老人慢慢转过来回答："你来自怎样的城镇？"

陌生人说："在我原来住的地方，人人都很喜欢批评别人。邻居之间常说别人的闲话，总之那地方很不好住。我真高兴能够离开，那不是个令人愉快的地方。"

老人对陌生人说："那我得告诉你，其实这里也差不多，也很可怕。"

结果，那个人没有能在镇上找到住处。过了个把小时，一辆载着一家人的大车在这里停下来加油。车子停在老先生和他孙女坐的地方。

另一个年轻人下了车，问老人说："住在这里不错吧？"

老人回答："你原来住的地方怎样？"

年轻人说："我原来住的城镇每个人都很亲切，人人都愿帮助邻居。无论去哪里，总会有人跟你打招呼，说谢谢。我真舍不得离开。"

老先生转过来看着年轻人，脸上露出和蔼的笑容："其实这里也差不多。来，我告诉你旅馆的走法。"结果，这个年轻人就顺利地找到了住处。

等到那家人走远，孙女抬头问祖父："爷爷，为什么你告诉第一个人这里很可怕，却告诉第二个人这里很好呢？"

祖父看着孙女说："不管你搬到哪里，你都会带着自己的态度，那地方可怕或可爱，全在你自己，任何时候都要用感谢之心去看待周围的一切，这样你才会得到他人的帮助，才有所得。"

"感谢天，感谢地，感谢命运让我与你相遇。"这句歌词我们都会唱。其实，值得我们感恩的不仅仅是对上苍，对社会、父母、亲朋、同学等都应始终抱有感恩之心；不要去抱怨命运给自己的不幸和不平，我们也应常怀感激之心，努力回报给予我们恩情的人们和社会。

感恩是生活中最大的智慧。时常拥有感恩之情，我们便会时刻有报恩之心。有了感恩之心，就会得到他人的赞赏和帮助，就会把成就归功于你。

塞翁失马，焉知非福

说到“塞翁失马，焉知非福”，人人都有感触。而关于这句话的来历，还有一段典故呢。这是中国古籍中的一则寓言。

“塞”，就是长城；“塞翁”就是长城脚下的老翁。据说，有位老翁是养马的，有一次他的马走失了，他觉得倒霉极了。怎知过了一段时间，这匹马竟然带着另一匹野马一同返回家。他很高兴，因为走失了的马不但自己回来了，而且还带回另一匹马来，这是坏事变好事。老翁的儿子要驯马，一见到野马便驯它，怎知野马一挣，老翁的儿子就从马背上跌了下来，跌伤了脚。老翁见状，不禁说道：“这是好事变坏事了，这匹野马弄伤了我儿子的脚。”过了一段时间，儿子的脚仍未痊愈，忽然皇帝在民间征兵，男丁要去打仗，但他的儿子因脚伤而可免役。那个时候征兵去打仗多是“古来征战几人回”，九死一生，儿子不用去打仗，不用去送命了。

塞翁失掉了马，但不知那是好事还是坏事，因为它是一直在演变的。其实，生活当中这种变化无常的事情经常发生。好与坏没有一个固定的界限。我们身边有好多这样的例子。有些人去赌钱，因为赢了钱想发达，还想再赢，结果却输得一败涂地；而有些人不敢去赌钱，因为他一进赌场便会输钱，表面上看是坏事，实际上他不去赌钱是好事。

俗话说："天以微福来试人。"天以微小的福来试一个人，必然还有一个大祸跟着来，所以福来不用太高兴。"天又会以微祸来试人"是说在祸之后，福又会跟着来。

1914 年 12 月 9 日，大发明家托马斯·爱迪生的实验室在一场大火中化为灰烬。经济损失超过 200 万美元，而事前却只投保了 23.8 万元的保险金，因为实验室是钢筋混凝土结构的。就在这一晚上，爱迪生一生的心血成果在蔚为壮观的大火中化为灰烬了。火势很猛，根本无法扑灭。

爱迪生 24 岁的儿子查里斯说："我真为他难过，他已 67 岁，不再年轻了，可眼下这一切都付诸东流了。"第二天早上，爱迪生看着一片废墟说："灾难自有它的价值，瞧，这不，我们以前所有的失误和过失都给大火烧了个一干二净，感谢上帝，这下我们又可以从头再来了。"

火灾刚过去三个星期，爱迪生就开始着手推出他的第一部留声机。如果没有这场大火，爱迪生也许就不可能成功发明留声机。

美国著名的西屋电气公司的创始人乔治·西屋，一生中得过 361 项发明专利。

有一次，他乘火车出差，没想到火车误点五六个钟头，原来这列火车在中途与另一列相撞。所有的旅客连忙改搭汽车，只有他好奇地跑去问站长火车相撞的原因，他知道了真正的原因——刹车失灵。

当时火车的刹车方法是这样的：每节车厢都设有单独的刹车器，每一个刹车器均需一名刹车工来负责。当火车要停下来时，每节车厢的刹车工就同时按刹车器，然后使火车慢慢停下来。可是每个人的反应有快有慢，所以刹车工在听到命令时，根本不可能把列车同时刹住；因而车厢与车厢间每每发生撞击，严重时则常因刹车器失灵而发生列车相撞事件。

西屋在弄清了出事的原因之后，他得到一个结论：如果能够改良火车的刹车系统，撞击与相撞的事故必将锐减。他立刻决定了两大改良的原则：第一是把刹车工人取消，第二是刹车权要掌握在火车司机手中。

不久之后，他就利用压缩的空气为动力，发明了性能优越的空气刹车器，把它安装在每节车厢下，按钮就在司机身旁，只要拉开气门按钮，很轻易就把火车刹住了。此一空气刹车器成为 19 世纪最伟大的发明之一，这也是西屋一生中最得意的发明之一。

同样，没有这场车祸，也就不会有空气刹车器。那么，火车发展的历史也许就要向后倒退一段时间。

当一件事情来临时，可能是好事，也可能是坏事，我们要看它的发展，因为好事可能变成坏事，而坏事又可能生出好的结果，这不在人的意料之中，有时候实属天意。所以，不要把好的事情看成是绝好的，或者是把坏的事情看成是绝对倒霉，我们不能这样看事物。所以说“塞翁失马，焉知非福”是一句充满辩证法的话。

在当今社会，变化每时每刻都在发生着，都可能发生在每一个人的身上。昨天我们还有一份收入不菲且相对稳定的工作，今天就有可能没有工作；昨天我们还过着舒适安逸的生活，今天就可能一无所有、穷困潦倒。变化随时都有可能发生，关键是面临这突如其来的变化，我们怎么办？今天变化已经发生，明天会怎样？是福还是祸？我们会采取怎样的心态？是积极地努力还是消极地等待？

面对变化，成功者会及时地调整自己的情绪，并付诸行动，从而获得新的成功。失败是人生的一大财富，至少它丰富了我们的经历。面对失败，人的自信心可能会受到一定的打击，会产生一定的恐惧心理；但如果因害怕失败而停步不前、不努力、不奋斗，你的优势就会慢慢失去，最终被淘汰。

有一个 6 岁的男孩，在小河里玩耍。当他正玩儿得高兴时，一条蟒蛇正向他游来。蟒蛇把他缠起来，他在惊慌之中用手掐住蟒蛇的要害。蟒蛇很大，虽然被掐住要害，但还知道要把男孩缠死，好在男孩身材瘦小，蟒蛇无法把他缠紧。男孩就这样一直用力掐住蟒蛇要害，直到他晕过去。后来当人们发现男孩时，他的手还在紧紧地掐着蟒蛇，而蟒蛇早已死掉。

可以肯定，如果男孩没有一种顽强的精神，无疑他就被蟒蛇给吞掉了。

人生处处都充满了危机，但是上帝在关上所有门的时候，一定会给人留着一扇窗。不管是老子的“祸福相倚”，还有人常挂在嘴边的“是福不是祸，是祸躲不过”，都是说明很多事情必须从两个方面看待。所谓“得之应得，失之所失”，所有的问题都潜藏着“机会”。遇到得意之事时，别高兴得太早；碰到不如意的事，也别急着难过，因为，塞翁失马，焉知非福。

自然必有回报

有个手艺出众的老木匠准备退休，要回家与妻子儿女享受天伦之乐。

老板舍不得他走，问他是否能帮忙再建一座房子，老木匠说可以。但是大家后来都看得出来，他的心已不在工作上，当房子建好的时候，老板却把大门的钥匙给了他。说："这是你的房子，是我送给你的礼物。"

老木匠目瞪口呆，羞愧得无地自容。如果他早知道是在给自己建房子，他怎么会这样糊弄呢？他没有想到这一幢粗制滥造的房子归自己了。

我们又何尝不是这样，我们以什么样的态度"建造"自己的生活，就会收到什么样的结果，得到什么样的回报。种下什么种子，将来必定收获什么样的果子。这就是老百姓常说的报应。

虽然身边的环境有很多很多的黑暗和丑恶，但是人们还是坚信如果以善来对待一切，那么，就一定会得到来自自然的回报。“积水成渊，积善成德”，“不以善小而不为，不以恶小而为之”。

在一个寒冷的冬夜，一位老妇人的汽车在半路上抛锚了。她等了半个多小时，总算有一辆车经过，开车的男子下车帮忙。车修好了，老妇人问他要多少钱，他回答说他这么做只是为了助人为乐。但老妇人坚持要付些钱作为报酬。中年男子谢绝了她的好意，并建议把钱给那些比他更需要的人。最后，他们各自上路了。

之后，老妇人来到一家饭馆，一位身怀六甲的女招待为她服务，并问她为什么这么晚还在赶路。老妇人就讲述了刚才遇到的事，并问她怎么工作到这么晚，女招待说是为了迎接孩子的出世而需要第二份工作的薪水。老妇人听后执意要女招待收下200元小费。女招待惊呼她不能收下这么一大笔小费。老妇人回答说：“你比我更需要它。”女招待回到家，把这件事告诉了她丈夫。丈夫惊讶，说他就是那个好心的修车人。

这故事讲了这样一个道理：种瓜得瓜，种豆得豆。我们在“播种”的同时，也种下了自己的将来，你做的一切都会在将来某一天、某一时间、某一地点，以某一方式在你最需要它的时候回报给你。

二战时期，盟军司令在一次去开会的途中，看见路边有一位生命垂危的老太太，他下了车，把老人送到了医院。这样，为了赶时间，他就临时改变了路线。结果却使他避免了事先埋伏在原来那条路上的狙击手的暗杀。

回报会在不经意间发生，甚至它远远地超过当初的付出。送人玫瑰，手留余香。当你给予他人帮助时，就像播撒一粒种子那样容易。而对于他人，这个种子生根发芽，长成一棵苍翠的大树。最终，给予你的又是一片茂密的森林。

人们破坏环境的后果就是最明显的例子。破坏森林植被，导致洪灾、水土流失和沙漠化，污染河流会导致生物死亡。人类就会遭遇一个又一个灾难。

任何事物都有它的一个度，自然也是如此。如每一种材料都具有其属性一样。如果材料的属性超过它应该具有的指标，就不能被正常地使用，它就成了废品。

而人的属性是什么呢？那就是道德。不做损害他人的事情，不破坏环境，不乱捕滥杀动物，按做人的道德标准做事，这样的人自然会获得真正的幸福。

好与坏都是自己造成的，正是“种瓜得瓜，种豆得豆”“善有善报，恶有恶报”。这是一个自然循环的过程。

很多年以前，有一个很有名的年轻艺术家，他决定要创造出一幅真正伟大的画像，一幅充满着神的喜悦，发出永恒的和平之光的画像。因此他就出发去寻找这个人。

艺术家逛过一村又一村，游过一山又一山，寻找他的目标。最后他碰到一个牧羊人。牧羊人有着一双明亮的眼睛，面孔和表情都带着天国的韵味，只要看一眼就足够使人相信神存在于这个年轻人身上。艺术家画了这个年轻的牧羊人的画像，这张画像被印成好几百份，发售旗开得胜。那位牧羊人也因此而得到不菲的报酬，受到人们的尊敬。

过了好多年，那个艺术家决定再画另一张画像。生活的经验告诉他，生活并非都是美好的，撒旦也同样在人群里面。他已经画了一张神的画像，现在想要画一张罪恶的化身。

他开始寻找一个不像人而像撒旦的人。他到赌窟、酒吧和疯人院去寻找，这个人必须充满着地狱之火，他的脸必须表现出所有的罪恶、丑陋和残酷。经过漫长的寻找，艺术家终于在监狱里碰到一个犯人，这个人犯了七次杀人罪，被判绞刑，几天之内就要执行。在他的眼睛里很容易就可以看出地狱的形象。他的眼睛放射出恨意，他的脸是世上最丑的。因此艺术家就开始画他。

当艺术家完成了这张画像时，却听到有人在暗中哭泣，他转过头来看到那个被链条拴住的犯人在哭。艺术家觉得很迷惑，他问道："我的朋友，你为什么哭？是不是这些图画打扰了你？"

那个犯人说："我一直想瞒着你，但是今天我已经忍不住了，你那两张画像所画的都是我。我就是几年前你在山里碰到的那个牧羊人。我哭泣是为了我这几年来的堕落。我从天堂掉到地狱，从神降到撒旦。"

画家大吃一惊，问："怎么会是这个样子？"

犯人说："我得了那笔钱之后，就去花天酒地，把钱花光后，为了满足抑制不住的欲望，就去偷、去抢、去骗……最后锒铛入狱。"

一切回报都顺其自然，付出就一定会有所回报，不论好与坏。如果眼下没有得到回报，那就需要你耐心地等待。回报，有很多的时间都是在等待中得来的。经过漫漫长夜，你所等待的东西有了回报，那你就是世界上幸福和成功的人。

第五篇　感悟自然的启示

工作和兴趣握手

兴趣，是一个人充满活力的表现，也是持久发展的动力，是成事立业的基础。工作中，浓厚的兴趣爱好有助于事业的成功。著名学者郭沫若曾经说过："兴趣爱好也有助于天才的形成。爱好出勤奋，勤奋出天才。兴趣能使我们的注意力高度集中，从而使得人们能完善地完成自己的工作。"世界上有许多作出杰出贡献的伟人，是从兴趣开始的。兴趣，它能引人踏入某一专门知识的深广领域，可以把人引向伟大事业的辉煌巅峰。因为，兴趣是构成学习动机的最具实际意义的因素，是促进学习的一种动力。

浓厚的兴趣，可以使达尔文把甲虫放进嘴里，可以使魏格纳一生中四次去格陵兰探险，可以使达·芬奇不顾教会的反对连续解剖许多尸体。牛顿，就是从一只苹果落地，研究出万有引力定律的。兴趣是最好的老师，是成功之母。事实表明：兴趣与成功的概率有着明显的正相关。

北大方正的总裁张玉峰，原来是北大物理系的一个普通讲师。后来，他发现自己对经商有着强烈的兴趣，于是，果断地下海创办了北大方正公司。他长期压抑的兴趣和才能找到了最佳释放之地，便一发不可收拾——在短短的十年之内就创造了辉煌业绩，成为中国高科技企业的杰出代表。

享有“杂交水稻之父”称号的中科院院士袁隆平，在中央电视台的《新世纪科学论坛》节目中，有人问他：“您是怎样决定学农的呢？”

他兴奋地说：“上中学时，学校组织同学参观农场，农场里满地的红花、绿果，使我为之兴奋，对农学产生了极大的兴趣，于是考取了西南农学院。学校的一次参观，不经意在我的心中播下了理想的种子，促使我成为一名农学家。”

古今中外，因兴趣之花而点燃成功之火的事例不胜枚举。兴趣是理想产生的基础，它能牵着你的手走向成功。

著名科学家丁肇中，他在台南的成功大学机械工程系读书，在上了一年大学之后，他发现物理学是他最感兴趣的学科，就产生了转入物理学系的念头。后来，他正式转到物理学专业，不久又前往美国攻读物理学专业的学位。经过十几年的刻苦学习和努力工作，他终于为人类首次发现了丁粒子，获得了1976年的诺贝尔物理学奖。

一个人只有从事自己兴趣所向、禀赋所长的专业或职业，才会达到最佳的发展状态，最大限度地实现自我价值。但扬自己之所长、用人之所长，又离不开一定的社会环境条件，它在兴趣的背后有一种动力。兴趣与行为一致时，这种动力就能发挥极大的作用，但好的兴趣的培养也并非一朝一夕所能做到，需要自己的坚持、别人的帮助。

爱迪生小时候蹲在鸡窝里孵小鸡的故事家喻户晓。他 11 岁时利用在火车上工作的机会，把车上的吸烟室当作小实验室，趁车未到站的时间做各种有趣的实验。一场事故发生在爱迪生 15 岁那年，因火车震动太大，把他小实验室里的一瓶磷震翻而燃烧，引起一场大火，车长为此狠狠给了他一个耳光，导致他右耳耳聋。爱迪生虽然因为事故被赶下了火车，但母亲并未制止他，而是继续关怀、支持、鼓励他，除了亲自教他识字读书外，还扶植发展他的兴趣。他从母爱中得到了强大的力量，并仍然顽强地坚持自己所喜欢的事业，一生搞了 1000 多种发明创造，最终成为一名伟大的发明家，为发展人类的科技事业作出了杰出的贡献。

有人这样说："成功有个秘诀，就是把自己的工作和自己的兴趣密切地结合在一起。"为兴趣而工作，才会更快接近成功。

美国钢铁大王安德鲁·卡内基墓志铭写的是：一个懂得跟比他聪明的人合作的人，安眠于此。

卡内基知道许瓦伯知人善任，是位管理天才，不仅能激励部属勤奋工作，而且善于解决问题。1892 年，卡内基钢铁厂发生大罢工，全凭许瓦伯调和，终究大事化小、小事化无。

其他钢铁厂风闻许瓦伯的才干，纷纷以高薪来挖，被许瓦伯婉拒。卡内基知道此事之后，赶紧与他签约，以百万年薪礼聘他为总裁。百万年薪在当时为破天荒之举，不但全美企业界议论纷纷，就连担任该公司董事的银行家摩根也认为薪水过高。

许瓦伯知道摩根的反应之后，一点儿也不生气，公开撕掉合约并宣称："我在卡内基钢铁厂做事，只为兴趣不为钱财，至于我的薪水，你们就随便给吧。"

此举不但震惊全公司，连摩根亦为之动容。

许瓦伯有一种奇妙的领袖魅力，部属跟他接触之后，都会被他所吸引，对他产生莫名的敬佩，甘愿为他效力。

许多卡内基辖下的钢铁厂在许瓦伯的管理之下，产量都呈倍数地增长。为了感谢他，卡内基赠以一亿美元的红利，不料被许瓦伯拒绝，他淡然地说："我做事纯粹为了兴趣，只要把问题解决、把事情做好，我就心满意足了。"

对一个人的一生来说，兴趣很重要。兴趣可以造就伟人，兴趣可以使人为自己所钟爱的事业奋斗终生。当然，兴趣也能导致一个人庸庸碌碌地度过一生，这里当然指的是那些不好的兴趣。

自然环境能使人获得成功

有一本《为成功改变环境》的书，里面分析了成功的方法，教你如何利用大自然的力量，实现你的目标，让你事半功倍、心想事成。

要成功，就要有一个成功的环境。有专业人士这样说："自然环境占成功因素的50%。"在好的自然环境里，会受到好的力量推动；在不好的环境里，会受到不良环境的阻力。

假使一部奔驰车，跑在高速路上和跑在戈壁滩上，在哪里会更快、更舒服？因此，要为你的奔驰车找一条良好的车道，也就是为自己的成功找一个良好的环境。自然环境，与我们的生活、工作息息相关。

我有一个朋友，在东北老家时还很一般，但他来到深圳后，三年过去了，整个人就有了明显的变化。在那简洁、明快、现代风格的大都市环境中生活与工作，无形当中使他养成一种快节奏、高效率的习惯。

在家乡的环境中他是一种人，来深圳后身边的环境改变了，他也就随之改变成为另一种人。

自然环境改变人，同时也能使人成功。环境创造命运，成功的环境可以创造成功的人生。智者会利用自然环境，善于借用自然力量，使自己能够更快速地达到成功，这是成功的一个关键因素。

纵观中国历史，那些成功之士，无不都是巧借自然环境之谋。值得一提的是诸葛亮凭借江上浓雾向曹操“借箭”，诸葛亮巧妙利用有雾的天气，“借箭”成功。“大雾漫天”的天气就是对自然环境的利用。

那天，大雾漫天，江上连面对面都看不清。诸葛亮下令把船头朝西，船尾朝东，“一”字儿摆开，又叫船上的将士一边擂鼓，一边大声呐喊。曹军一万多名弓弩手一齐朝江中放箭，箭好像下雨一样。诸葛亮又下令把船掉过来，船头朝东，船尾朝西，仍旧擂鼓呐喊，逼近曹军水寨受箭。

大到事业，小到个人，自然环境对人的影响都是一样的。其力量之大、之深刻，不容忽视。“孟母三迁”的千古佳话，说明人们很早就认识到环境对人的成长很重要。

孟子幼年丧父，全靠母亲一个人含辛茹苦把他抚养成人。他小时候，非常顽皮淘气。起初，孟家住在一所公墓附近。埋葬死人的事情孟子看很多了，便学着玩儿挖坟、抬棺材、埋死人一类的游戏，有时甚至还学着送葬的人哭号。看着儿子整天玩儿这种游戏，孟母感到这样下去对儿子的成长不利。思来想去，孟母决定搬家，使儿子远离这种环境，让他的身心能够在良好的环境中健康成长。于是他们将家搬到一个新的地方去住。不料新居所靠近集市，孟子成天接触的是一些竞相牟利的商人，他又学着商人的样子做起经营买卖的游戏，并对商人赚钱的一套办法羡慕起来。孟母觉得这个地方对儿子的成长同样不利，于是再一次搬家，搬到一所学校的旁边居住。自此，孟子才开始学习诗书礼仪，逐渐懂得礼貌和要求上进了。这下子，孟子的母亲可高兴了，认为这个地方对儿子的成长大有好处，于是便在这个地方长期定居下来。这就是被后人流传下来的“三迁之教”的故事。

著名的尼亚加拉大瀑布，位于尼亚加拉河的下游，水位降落 327 英尺，落差竟达 51 英尺。水花飞溅，迸射出五彩缤纷的霓虹。

早在 20 世纪初，促进工业发展的发电站兴起之前，大瀑布已成了吸引旅游者的圣地。纷至沓来的是走江湖的骗子、贪财利的艺人，他们急于把尼亚加拉大瀑布变为大吹大擂、叫卖贩子的天堂。

安大略省和纽约州为此焦虑着急，想方设法抢救大瀑布。纽约州 1885 年开辟一个公园。两年之后，加拿大也创建了第一个省立公园——维多利亚皇后瀑布公园，生意红火。

借助大瀑布，个人也得到不少好处，其中就有身怀绝技的杂技演员，他们志在扬名，不顾生命危险，以“征服”尼亚加拉为名，来达到名扬天下的目的。

最轰动的惊险演员是法国的布朗丁，海报宣扬他为“世上走钢丝的伟人”。1859 年 6 月 30 日，他第一次越空横走大瀑布。在上万名男女老少观众的喝彩声中，他停留在飞瀑上空，品尝了一杯尼亚加拉甘露。

一个月后，布朗丁决定背着他的经纪人 H·科尔福特凌空横越。钢索在风中摇摆抖动不停，科尔福特惊慌失措，使劲抱住布朗丁的脖颈。他半途停下，叫布朗丁稍休片刻。结果，他俩在空中激烈争吵。后来布朗丁只好吓唬他：如果再不听从指挥，就把他扔在原处不管，自己单独前进。这一招解决了这场冲突，化险为夷。科尔福特又乖乖地爬上布朗丁的脊背，最终完成这次举世瞩目的横越。

布朗丁也因此出名而大获成功。

如果没有尼亚加拉大瀑布，也就不会有维多利亚皇后瀑布公园，人们也不会知道“布朗丁”这个名字。

对必然之事，轻松地承受

人们每天都要面对一种或几种事实，好与坏难以预料，对于好的，当然欢迎；而对于坏的，却难以接受。

美国哲学家詹姆士说："接受事实是克服任何不幸的第一步。"

许多不公平的事实，人们是无法逃避的，也是无法选择的，只能接受已经存在的事实，要学会接受它、适应它。接受现实，是改造现实的前提。

在阿姆斯特丹有一家建于15世纪的老教堂，在它的废墟上留有一行字："事必如此，别无选择。"事情既然如此，就不会另有他样。在漫长的岁月中，你一定会碰到一些令人不愉快的情况，它们既然是这样，就不可能是那样。因此，聪明的人就要接受所发生的事实，只有接受眼前的失败和痛苦，才能拥有日后真正的幸福。

命运中总是充满了不可捉摸的变数，如果它给我们带来了快乐，当然是很好的，我们也很容易接受。但事情却往往并非如此，有时，它带给我们的也许是可怕的灾难，这时如果我们不能学会接受它，反而让灾难主宰了我们的心灵，那生活就会失去阳光。我们应该能接受不可避免的事实，即使我们不接受命运的安排，也不能改变事实分毫，我们唯一能改变的，只有自己。

我有一个朋友，一次意外的事故导致他的左手齐腕被砍断了，他现在在一所商场开货梯。一天，有人问他少了那只手会不会觉得难过，他说："不会，我根本就不会想到它。只有在需要穿针引线的时候，才会想起这件事情来，一切都没有关系，我接受这个事实。"

如此看来，环境并不能决定人们的感受，而是能决定人的接受程度。接受并不是说在碰到任何挫折的时候，都应该极力忍耐接受，那样就成为宿命论者了。不论哪一种情况，只要还有一点挽救的机会，我们就要奋斗。能在一切环境中保持宁静心态的人，总是努力培养自己心理上的抗干扰能力，冷静地应对世间的千变万化。

一个开罗人梦想着发财。一天夜里，他梦见神对他说："想发财，你就得去伊斯法罕，在那里就能找到金币。"

"天呐！那伊斯法罕远在波斯啊，必须穿越阿拉伯半岛，经过波斯湾，再攀上扎格罗斯山，才能到达那山巅之城。可能还没有到达那里就客死异乡了。到底去还是不去呢？"那个人在思想斗争："如果不去，这辈子恐怕难以发财了。"最后，那个人还是决定前行。

那个人千里跋涉，历经许多艰难险阻，终于到达了"山巅之城"伊斯法罕。但是结果却令他大失所望，当地兵荒马乱，他随身带的一点钱也被土匪抢走了，有一位当地人救了他。

"你从哪里来？"救命恩人问他。

“我从开罗来。”

“你从开罗那么富裕的地方，到我们这鸟不生蛋的伊斯法罕来干什么？”

“因为我梦见神对我的启示，到这里可以找到成千上万的金币。”开罗人坦荡地说。

那人大笑起来：“真是一个笑话，我还经常梦见我在开罗有个房子，后面有7棵无花果树，树旁有一个水池，池旁藏着好多的金币呢！赶紧回到开罗去吧，别做白日梦了。”

开罗人衣衫褴褛一无所有地回到了开罗，但是没有过多久，他就变成了开罗最有钱的人。因为那位伊斯法罕人所说的7棵无花果树和水池，正是他家的，他在他家后院的水池底下，真的挖出了成千上万的金币。

这个故事说明：任何一种所得，都要经过一段艰苦漫长的寻找过程，结果的好与坏，取决于自己。好的态度，就能使你发现人生的“金币”。

相对来说，顺其自然者是容易接受现实的，因为他对现实不抱有过分的要求，所以他不会抱怨命运的不公平，他不愿意把自己的精力耗费在抱怨那无法改变的现实上，而是仍然正常地活过每一天。

卡内基说得好：“有一次，我拒不接受我遇到的一种不可改变的情况。我像个蠢蛋，不断作无谓的反抗，结果带来无眠的夜晚，我把自己整得很惨。终于，经过一年的自我折磨，我不得不接受我无法改变的事实。”

接受现实，并不等于束手接受所有的不幸。只要有任何可以挽救的机会，我们就应该奋斗。但是，当我们发现情势已不能挽回时，我们最好就不要再思前想后，要接受不可避免的事实，唯有如此，才能在人生的道路上掌握好平衡。

山下和山腰的草都被羊给吃没了。有一只羊准备要到山顶去吃草，那里别的同伴还没有去过，草一定鲜美丰茂。同伴劝它，它说："不怕，山有多高我爬多高。"

羊开始往山上爬，它盯着山顶爬呀爬呀，羊累了。

羊自言自语："我有些累，山还有多高啊？"

羊又爬呀爬呀，羊很累了。但是羊还是执著地向山上爬，它终于爬上了山顶，可是等羊到达山顶之后，它傻眼了——山顶上根本没有草。

于是，羊又趁着还有一丝力气，赶紧下山。虽然它又累又饿，但它知道如果在天黑之前不返回山下，就没有希望了。

憧憬好的同时也要想到坏的存在，无论结果好与坏，你都要接受。每个人的行为都有他自己的目的和意图。人的本能就是想要达到自己的目的，但是，有时候事与愿违。无论面对什么样的现实，你不能去改变它，只能去接受它。现实就是现实，任何人都无法改变。人生的事，没有十全十美。

马斯洛曾说："心若改变，你的态度跟着改变；态度改变，你的习惯跟着改变；习惯改变，你的性格跟着改变；性格改变，你的人生跟着改变。在顺境中感恩，在逆境中依旧心存喜乐，认真地活在当下。"这个当下，就是接受现实。

生命里不能忽视的自然需要

一位名人说过："人一个微不足道的动作，或许就会改变一生。"

这绝不是夸大其词，可以作为佐证的事例随手便能拈来。美国福特公司名扬天下，不仅使美国汽车产业在世界占据鳌头，而且改变了整个美国的国民经济状况，谁又能想到该奇迹的创造者福特当初进入公司的"敲门砖"竟是"捡废纸"这个简单的动作呢？

福特刚从大学毕业，一天，他到一家汽车公司应聘，一同应聘的几个人学历都比他高，在其他人面试时，福特感到没有希望了。当他敲门走进董事长办公室时，发现门口地上有一张纸，就很自然地弯腰把它捡了起来，看了看，原来是一张废纸，就顺手把它扔进了垃圾篓。董事长把这一切都看在眼里。

福特刚说了一句话："我是来应聘的福特。"

董事长就发出了邀请："很好，很好，福特先生，你已经被我们录用了。”这个决定让福特感到很惊异。后来，他才知道董事长的决定源于他那个不经意的动作。因为董事长那天故意在地上扔了那张纸，其目的就是想看看应聘人的反应。结果，福特被选中了。从此以后，福特开始了他的辉煌之路，直到把公司改名，让福特汽车闻名全世界。

有一个平安保险公司的业务员，他多次拜访一家公司的总经理，而最终能够签单的原因，仅仅是他在去总经理办公室的路上，随手捡起了地上的一张废纸并扔进了垃圾桶。总经理对他说："我（透过窗户玻璃）观察了一个上午，看看哪个员工会把废纸捡起来，没有想到是你。"而在这次见总经理之前，他还被"晾"了3个多小时，并且有多家同行在竞争这个大客户。

福特和业务员的收获看似偶然，实则必然，他们下意识的动作出自一种本能的习惯。其实，我们每一个人，都会知道地上有纸就要捡起来，这是一种本能的反应，也许你是忽视了，也许是你根本就不想捡。殊不知，这个小细节就决定了一个人的成功与失败。

有一句人们常挂在嘴边的话：细节决定成败。这里提出的不是后天培养的细节，而是生命中具有的本能的自然细节。

一只蝴蝶在巴西扇动翅膀，有可能在美国的得克萨斯州引起一场龙卷风。

事实上，被科学家用来形象说明混沌理论的"蝴蝶效应"，也存在于我们的人生之中：一次大胆的尝试，一个灿烂的微笑，一个习惯性的动作，一种积极的态度和真诚的服务，都可以触发生命中意想不到的作用，它能带来的远远不止于一点点喜悦和表面上的报酬。

一个农民从洪水中救起了他的妻子，他的孩子却被淹死了。事后，人们议论纷纷。有的说他做得对，因为孩子可以再生一个，妻子却不能死而复活。有的说他做错了，因为妻子可以另娶一个，孩子却不能死而复活。我听了人们的议论，也感到疑惑难决：如果只能救活一人，究竟应该救妻子呢，还是救孩子？于是我去拜访那个农民，问他当时是怎么想的。他答道："我什么也没想。洪水袭来，妻子在我身边，我抓住她就往附近的山坡游。当我返回时，孩子已经被洪水冲走了。"农民的举动让人深思。他抓住妻子，是他当时的一种本能反应。如果他在那个时候不尊重自己生命里最重要的需求，还在衡量、犹豫，那恐怕他连妻子也救不成了。

老子说过："天下难事，必做于易；天下大事，必做于细。"福特等人的细节是表面的，我们更应该注重那些深藏在人们心里的自然的东西，比如：诚信。

有这样一个故事：1835 年，摩根成为一家名叫"伊特纳火灾"的小保险公司的股东，因为这家公司不用马上拿出现金，只需在股东名册上签上名字就可成为股东。这正符合当时摩根没有现金却想获得收益的情况。

很快，有一家在伊特纳火灾保险公司投保的客户发生了火灾。按照规定，如果完全付清赔偿金，保险公司就会破产。股东们一个个惊慌失措，纷纷要求退股。摩根斟酌再三，认为自己的信誉比金钱更重要，他四处筹款并卖掉了自己的住房，低价收购了所有要求退股的股东的股份，将赔偿金如数付给了投保的客户。

一时间，伊特纳火灾保险公司声名鹊起。已经身无分文的摩根成为保险公司的所有者，但保险公司已经濒临破产。无奈之下他打出广告，凡是再到伊特纳火灾保险公司投保的客户，保险金一律加倍收取。不料，客户很快蜂拥而至。原来在很多人的心目中，伊特纳公司是最讲信誉的保险公司，这一点使它比许多有名的大保险公司更受欢迎。伊特纳火灾保险公司从此崛起。

许多年后，摩根主宰了美国华尔街金融帝国。而当年的老摩根，正是他的祖父，是美国亿万富翁摩根家族的创始人。成就摩根家族的并不仅仅是一场火灾，而是比金钱更有价值的信誉。还有什么比让别人信任你更宝贵的呢？

言而不信，无人信你；有言有信，方有人信你。所以“信”是一个人一生中弥足珍贵的东西，切不可疏忽它。其实，人的生命里都有诚信的位置，只是有时候被功利和私心给挤占了。

有多少人信任你，你就拥有多少次成功的机会。

工作和生活中的细节，就像小孩玩的积木，底部堆积得好，上面自然就不会轻易塌下来，如果说连一个小细节都做不好，那么就会影响到整体。做好生活中的每个小细节，你的成功之路就一定比别人走得更好，你的那座积木之塔一定会比别人更高更美。

切记：自然中确有许多东西不能被疏忽。

自然的启示

人与自然应该协调统一，自然界里各种自然现象背后都与人有联系，人类不仅依赖自然，并且必须服从自然的意志。

庄子认为人是自然的一部分，因而人与自然界是统一的。

荀子认为人与自然各有分工，但同时又是相互联系的。

对于人来说，自然界是人生存的基础。人与自然可以相互作用，人类也可以在自然影响之下，获得许多的启示，利于生活与工作。

比塞尔是西撒哈拉沙漠中的一颗明珠，每年有数以万计的旅游者来到这儿观光。

可是在以前，这里还是一个封闭而落后的地方，这儿的人没有一个走出过大漠，也从来没有人尝试过。

从外面来的肯·莱文当然不相信这种说法。他向这儿的人问原因，结果每个人的回答都一样：从这儿无论向哪个方向走，最后还是转回到出发的地方。他不相信，于是他从比塞尔村向北走，结果三天半就走了出来。

比塞尔人为什么走不出来呢？肯·莱文非常纳闷，最后他只得雇一个比塞尔人，让他带路，看看到底是为什么。他们带了半个月的水，牵了两峰骆驼，收起指南针等现代设备，肯·莱文只拄一根木棍跟在后面。

10天过去了，他们走了大约800英里的路程，第11天的早晨，他们果然又回到了比塞尔。这一次，肯·莱文终于明白了比塞尔人之所以走不出大漠，是因为他们根本就不认识北斗星。在一望无际的沙漠里，一个人如果凭着感觉往前走，他会走出许多大小不一的圆圈，最后的足迹十有八九是一把卷尺的形状。比塞尔村处在浩瀚的沙漠中间，方圆上千公里，没有一点参照物，若不认识北斗星又没有指南针，想走出沙漠，确实是不可能的。

肯·莱文在离开比塞尔时，带了一个叫阿古特尔的青年，他告诉阿古特尔：只要你白天休息，夜晚朝着北面那颗星走，就能走出沙漠。阿古特尔照着去做了，三天之后果然来到了大漠的边缘。阿古特尔因此成为比塞尔的开拓者，他的铜像被竖立在小城的中央。铜像的底座上刻着一行字：新生活是从选定方向开始的。

北斗星是指路的灯。如果没有北斗星，肯·莱文和阿古特尔就不会走出沙漠。如此看来，自然会给我们许多的启示，但是我们要善于观察和发现。

肯·莱文的做法，告诉我们这样一个道理：人不能违背自然，而只能在顺从自然规律的条件下去利用自然为自己的需要服务。自然总会给人们留有机会，就像他们能走出沙漠一样。

人法地，地法天，天法道，道法自然。一切自然现象都是自然而然。人与自然的关系当然也要遵循这个原则。观察野外生活中自然现象的变化，了解大自然万物都有生命的规则，它们与人的关系是密不可分的，每一种生物都有自己的规律可循，都能让人受到成功的启示。

美国铁路两条铁轨之间的标准距离是四英尺又八点五英寸。这是一个很奇怪的标准，它究竟是从何而来的呢？这是英国的铁路标准，而美国的铁路原先是由英国人建的。那么为什么英国人用这个四尺八寸半的标准呢？原来英国的铁路是由建电车的人所设计的，而这个正是电车所用的标准。电车的铁轨标准又是从哪里来的呢？

原来最先造电车的人以前是造马车的，而他们是用马车的轮宽做标准。那么马车为什么要用这一轮距标准呢？因为如果那时候的马车用任何其他轮距的话，马车的轮子很快会在英国的老路上撞坏。为什么？因为这些路上的辙迹的宽度是四尺八寸半。这些辙迹又是从何而来的呢？答案是古罗马人定的。因为欧洲，包括英国的长途老路都是由罗马人为它的军队所铺设的，所以四尺八寸半正是罗马战车车轮距的宽度。如果任何人用不同的轮宽在这些路上行车的话，轮子的寿命都不会长。

我们不禁再问，罗马人为什么把四尺八寸半定为战车的轮距呢？原因很简单，这是两匹拉战车的马的臀部的宽度。而这两匹马臀部的宽度，还应用在高科技上呢。

美国航天飞机立在发射台上的燃料箱的两旁有两个火箭推进器，是由一家公司设在犹他州的工厂所提供的。这家公司的工程师希望把这些推进器造得大一点，这样容量就可以大一些。但是他们把这些推进器造好之后，要用火车从工厂运送到发射点，路上要通过一些隧道，而这些隧道的宽度只是比火车轨宽了一点，然而火车轨的宽度却是由马臀部的宽度所设定的，所以航天飞机的运输系统的设计，也是由两千年前两匹马的臀部宽度所决定的。

自然界的万物都是与人类相互联系的，它们是人创造一切时取之不竭的源泉。了解自然，对我们观察自然现象将会有极大的帮助。

人的一生，难免浮浮沉沉；不会永远春风得意，也不会永远穷困潦倒。

日本经营之神松下幸之助，名、利、寿三者样样兼得。也许有人会说他是命运的骄子、他是幸运的。但是，综观松下的一生，其实也充满了不幸与坎坷：他 11 岁辍学；13 岁丧父；17 岁差一点淹死；20 岁不但丧母，而且得肺病几乎死去；34 岁时，唯一的儿子出生仅 6 个月就病故；而且他一生受病魔纠缠，40 岁之前，有一半的时间因病卧床。

然而，他有积极的人生观，认为坏运能变成好运，危机就是转机，任何逆境都能转变成为顺境。这是他获得名、利、寿的主要原因。

他告诉身边的朋友，当他遭受挫折与打击时，他就会想起乡下人洗甘薯的那一幕。

乡下人洗甘薯的景象是这样的：木制的特大号水桶里装满了要洗的甘薯，乡下人站在木桶边，用一根扁平的木棍不停地搅拌着。在木桶里，大小不一的甘薯，随着木棍的搅动，忽沉忽现。浮在上面的甘薯，不会永远在上面；沉在下面的，也不会永远在下面。总是浮浮沉沉，互有交替。

他说："这种浮浮沉沉、互有轮转的景象，正是人生的写照。每一个人的一生，就像那个甘薯一样，总是一浮一沉，这就是对每个人最好的磨炼。"

挫折本身隐含积极的意义。松下幸之助就是本着这种积极的人生观，百折不挠，愈挫愈勇，最后终于造就了他的非凡的事业。

在这个忙忙碌碌的世界，人们很少注意身边的自然现象，殊不知，自然会给你带来很多有益的东西。

自然面前不要太理智

有一个科学家，做过这样一个试验：他把 5 只蜜蜂和 5 只苍蝇装进同一个玻璃瓶中，然后将瓶子平放，让瓶底朝着窗户，观察会发生什么情况。

蜜蜂不停地想在瓶底上寻找出口，一直到它们力竭倒毙或饿死；而苍蝇则会在不到两分钟之内，穿过另一端的瓶口逃逸一空——事实上，正是由于蜜蜂对光亮的喜爱，由于它们的智力因素，蜜蜂死亡了。

蜜蜂以为囚室的出口必然在光线最明亮的地方，所以它们不停地重复着这种合乎逻辑的行动。对蜜蜂来说，玻璃是一种超自然的神秘之物，它们在自然界中从没遇到过这种突然不可穿透的大气层；而它们的智力越高，这种奇怪的障碍就越显得无法接受和不可理解。

那些愚蠢的苍蝇则对事物的逻辑毫不留意，全然不顾亮光的吸引，四下乱飞，结果误打误撞地碰上了好运气；这些头脑简单者总是在智者消亡的地方顺利得救。因此，苍蝇得以最终发现那个正中下怀的出口，并因此获得自由和新生。

人们在工作当中投入更多的是一种理智，但是有时候理智却不能很好地解决问题。人无法与自然抗衡，只能顺从自然、亲近自然，与自然和谐相处才是最理智的选择。任何时候，都不要想着充当自然的主人，而是要静心地倾听，就能感受自然，这样才能感觉到大自然打开了的大门。

布拉多印第安人，他们通过炙烤鹿骨来决定狩猎的方向。

由于狩猎是布拉多印第安人一直进行的活动，他们积累了丰富的有关猎物、追踪、天气和地形的经验。通常情况下，他们会依靠狩猎队伍中经验丰富的猎手的知识和智力进行判断；然而在外界环境的变数加大或遭遇其他特殊情况时，布拉多印第安人便会把经验搁置一旁，转而求助于非逻辑性的“魔法”。从现代的或理性的观念来看，这样做简直荒唐可笑，但布拉多印第安人的魔法却带来了一些超出经验的新事物，使狩猎最终得以成功。魔法为其固定的狩猎模式引入了一个随机的变数，狩猎的战术因此不会墨守成规，避免了由于一味遵从经验而可能造成的无效追踪。

这也就是我们常说的“因以往的成功经验而导致的失败”。这就是前面所说的“聪明”的蜜蜂因经验而陷入死地的故事的内涵。所以，人不要太理智，要注重自己身体的回声。其实，人们每天都生活在自己的回声中，只要竖起耳朵就能听到，就会有收获。

一位哲学家，天生一股文气，不知道迷倒了多少女人。

某天，一个女人来敲门，说：“让我做你的妻子吧，错过我，你将再也找不到比我更爱你的人了。”

哲学家也很中意这个女人，但仍回答：“让我考虑考虑。”

事后，哲学家用他一贯研究学问的精神，将结婚与不结婚的好处、坏处分别列下来，仔细研究之后，才发现好与坏均等，真不知道该如何选择。

于是，哲学家陷入了长期的苦恼和冥想之中。

最后，哲学家得出了一个结论：人若在面临抉择无法取舍时，应该选择尚未经历过的那一个。不结婚的处境他是清楚的，但结婚后的情况他却不知道。

于是，哲学家来到女人家，对她的父亲说："你女儿呢？请你告诉她，我考虑清楚了，决定娶她为妻。"

女人的父亲说："你来晚了10年，我女儿现在已经是3个孩子的妈妈了。"

这个故事说明：人需要思考，但要有时间限制。想想好的，想想不好的，人生多想没坏处，但不要太理智。

学会倾听自然的回声，它就会给你打开心扉，就会向你打开新的窗口。

有一个寻找爱情的女孩，她问爱神到底什么是爱情。爱神把她领到麦田旁，让她摘一棵全麦田里最大、最金黄的麦穗，要求只能摘一次，并且只可向前走，不能回头。

女孩就按照爱神说的去做了，结果她两手空空地走了出来。

爱神问："为什么摘不到？"

她说："因为只能摘一次，又不能走回头路，即使见到最大、最金黄的，就想前面是否有更好的，所以没有摘；走到前面时，又发觉总不及之前见到的好，才发现最大、最金黄的麦穗早已错过了，于是我什么也没摘。"

爱神说："这就是'爱情'。"

女孩的理智做法，导致她什么也没有得到。后来，女孩吸取了上一次的教训，她又找到爱神，问什么是婚姻。爱神把她带到树林里，让她砍下一棵全树林中最大、最茂盛、最适合放在家里做圣诞树的树，同样只能砍一次，只可以向前走，不能回头。

女孩照着爱神的话去做了。

这次她带了一棵普普通通、不是很茂盛、也不算太差的树回来。

爱神问："怎么带这棵普普通通的树回来？"

女孩说："有了上一次的经验，当我走到大半路程还两手空空时，看到这棵树也不太差，我也没有多想，便砍下来。"

爱神说："这就是婚姻。"

结果，女孩得到了婚姻。

人是复杂的感性动物，理性永远无法取代。日本京都半导体陶瓷公司创办人——稻盛和夫感性地道出其由小工程师升为日本尖端科技领袖的心路历程与成功秘诀。这位被日本各界誉为继松下幸之助之后最具有人文社会理念的企业家强调，真正成功的人凭借的不外乎是一颗单纯的心和一份完美、永不放弃的热情。

这"单纯"也就是必要时多一些感性，而少一些理智吧。

偶然所得

19 世纪初的一天，23 岁的皮尔·卡丹骑着一辆旧自行车，踌躇满志地来到了法国首都巴黎。他先后在 3 家巴黎最负盛名的时装店当了 5 年的学徒。他勤奋好学，很快便掌握了从设计、裁剪到缝制的全过程，同时也确立了自己对时装的独特理解，总是有些跃跃欲试的想法要付诸行动。

一天，皮尔·卡丹在巴黎大学的门前，被一位年轻漂亮的女大学生吸引。这位姑娘虽然只穿了一件平常的连衣裙，但身材苗条，胸部、臀部的线条十分优美。皮尔·卡丹心想：这位姑娘如果穿上我设计的服装，定会更加光彩照人。于是，他聘请 20 多位年轻漂亮的女大学生，组成了一支业余时装模特队。

终于，皮尔·卡丹在巴黎举办了一次别开生面的时装展示会。伴随着优美的旋律，身穿各式时装的模特逐个登场，顿时令全场的人耳目一新。时装模特的精彩表演，使皮尔·卡丹的展示会获得了意外的成功，巴黎几乎所有的报纸都报道了这次展示会的盛况，订单雪片般飞来。皮尔·卡丹第一次体验到了成功的喜悦。

成功带有极大的偶然性，无论是个人，还是企业在成长前期的成功，都是无意中把握了某些成功的要素，偶然取得了成功。

像这样的例子，可随手拈来。

1965 年，第一部桌上型计算器“洛其”问世，它的发明者就是在哈佛大学取得博士学位的王安。

当时，王安公司财务部的年轻职员米勒，喜欢利用中午休息时间操作“洛其”。有一天他脱口说：“如果‘洛其’能更简单地操作，将成为商业上的一大利器。”

米勒无意间的一句话，重重震撼了王安。他心想：“多年来，我只考虑到科学家与工程师等专业人员的需要，因此忽略了其他大多数人的需要。”

于是，王安针对“洛其”深入研究，并不断改良。10 个月后，一部任何人都能操作的商用计算机——三掜计算机终于上市。由于它满足了大多数人的需要，所以很快就成为市场上的宠儿，可想而知，它也给王安带来了丰厚的利润。

人的一生是“必然”会成功呢，还是“偶然”会成功？这是人们争论的问题。也许有人会说：我年轻而努力，我的成功一定是必然的。这种说法也没有错，对自己充满了自信，是件好事。但是，在人生成功的路上，偶然也占据着极大的可能性。

如果仔细想想，人的每一天都是一个偶然，例如偶然你要看电视，你要什么时候看自己搞不清楚，什么时候看电影自己可能也没有办法控制，自己上下班也控制不了。既然现在的每时每刻都是偶然，那么未来也必定是个偶然。

美国的石油大王约翰·洛克菲勒一生至少赚进了10亿美元。但他年轻时两手空空，每天都在研究致富之道，却苦无良策。

有一天，他在报纸上看到一篇出售致富秘笈的巨幅广告，他赶紧去买了一本。仔细翻开一看，书中仅印有“节俭”两字，他不禁大失所望。

当晚，他辗转难眠，脑海里老是浮现这两个字。他愈想愈有道理，凭他一个无立足之地的年轻人，想要致富，除了节俭之外，的确没有第二个方法。他大彻大悟，于是每天精打细算，节省储蓄，5年之后，积存800美元。他以这笔钱经营煤油，辗转到石油业，终于成为美国的富豪。

一次偶然的发现，打开了他这一生的事业大门；一句旁人不经意的“蚂蚁不上银杏树”的言语，让其为之默默奋斗了近15年，这个人就是孟昭礼教授。一棵普通的银杏树竟让他获得了山东省科技进步一等奖，并在技术转让、实现产业化中，创出了农药行业转让金额的历史天价——500万元。

1983年，孟昭礼到临沂郯城讲课。课余休息的时候，发现一个很奇特的现象：生长在相同的环境里，与其他植物相比较，银杏树基本上没有病虫害。他将这一极为奇特的现象向当地的百姓请教。

一位农民随口对他说：“没什么奇怪的，蚂蚁不上银杏树嘛！”老乡的话，让孟昭礼蹲在银杏树下进行了相当长时间的观察，结果发现，老乡的话果然不虚。在很长时间里，他没发现一只蚂蚁爬上银杏树，所有的蚂蚁在远处是朝着银杏树的方向而来，但当它与银杏树接近到一定的距离时，就无一例外地开始掉头转了方向。他的头脑里马上画上了问号。带着诸多的疑问，孟昭礼在即将讲完课的一天早晨，采摘了十几片带着露水的银杏叶带在身边，继续到别的地区讲课。半个月后，当他回到学校时惊奇地发现了一个奇迹：带在身边的叶子经历了这么长的时间，竟然鲜亮如初，既没变黄也没有发霉。由此，临沂之行的奇特发现，让孟昭礼彻底与银杏树打上了交道。

于是，从 1983 年 6 月始，孟昭礼正式把银杏树摆在防治病虫害的应用位置上开始了研究。经过 6 年的时间，他最终成功地证实了包括根、叶、花、茎等银杏树的所有部位都含有丰富的农用杀菌抑菌作用的物质这一事实。之后，又是近 9 个默默无闻的寒暑交替，到 1997 年，孟昭礼最终彻底实现了他的设想。在证实银杏树各部位均含有丰富的杀菌抑菌物质的基础上，以银杏中的一种生物活性物质的化学结构为先导化合物，相继开发、研制出采用先进的人工模拟技术合成的农用杀菌剂——绿帝和银泰，成功实现“绿帝”和“银泰”农用活性杀菌剂的发现与应用。

在长期的生活实践中，有时会得到一些偶然的发现。说是偶然，其实并不神秘，当人们对所研究的对象还认识不清而又不断和它打交道时，就可能发现一些出乎意料的新东西。

对待偶然发现，一是不要轻易放过，二是要弄清原因。有些偶然发现，正因为它不在预料之中。

在 1786 年，意大利人伽伐尼偶然发现蛙腿在剥皮后刀尖触碰的作用下会收缩。他又发现：如果把青蛙腰部的神经结挂在铜钩子上，钩子另一端挂在铁栏上，那么当铁块每次跟蛙脚和铁栏接触时，蛙腿也会收缩。他把这种效应归结为动物电，正确解释了他的发现是发电的结果；但错误地以为蛙腿会由于某种生理过程而产生电荷。

伽伐尼事实上已发现了电流，但并不认识它，结果本国人伏特经过科学实验和研究，才进一步说明伽伐尼究竟做了些什么。1795

年，伏特指出：不用动物也能发电，只要把两块不同的金属放在一起，中间隔一种液体或湿布就行。据此伏特发明了电池，开创了化学电源的方向。

如此看来，偶然是把人们领进成功的大门，成功的灵光发现是偶然，而后面的工作和努力是必然的。这就是人们常说的偶然和必然的关系。

抓住自然赐予的时机

自然赋予人许多机会，与我们的事业休戚相关，可以这么说：抓住自然之机，就抓住了成功的本质，包括抓住自然界中的秩序，抓住它行进的方向，抓住它发展的法则，抓住那些变化无穷的构成，等等。

机不可失，时不再来，这是一个浅显而深刻的道理。如果你能在时机来临之前就识别它，在它溜走之前就采取行动，那么，幸运之神就降临了。

一个人的幸运和霉运往往与利用时机有关，愚笨的人在时机失去之后才顿足扼腕，那么他便注定只是一个十足的失败者。而聪明的人明白时机稍纵即逝，因而能及时把握，所以，他的一生都心想事成，达到成功的彼岸。

1865 年，林肯总统被刺身亡。全美国沉浸在悲痛之中，他们为失去了一位可敬的总统而无限悲恸。钢铁巨头卡内基却看到了另一面。他预料到战争结束之后，经济复苏必然降临，经济建设对于钢铁的需求量便会与日俱增。于是，他义无反顾地辞去铁路部门报酬优厚的工作，合并由他主持的两大钢铁公司——都市钢铁公司和独眼巨人钢铁公司，创立了联合制铁公司。同时，卡内基让弟弟汤姆创立匹兹堡火车头制造公司，并经营苏必略铁矿。上天赋予了卡内基绝好的机会。

很快，卡内基向钢铁发起进攻。在联合制铁厂里，矗立起一座22.5米高的熔矿炉，这是当时世界最大的熔矿炉，对它的建造，投资者都感到提心吊胆，生怕将资金赔进去后根本不能获利。但卡内基的努力让这些担心成为杞人忧天。他在经营方式上大力整顿，贯彻了各层次职责分明的高效率的概念，使生产力水平大为提高了。同时，卡内基买下了英国工程师道兹兄弟的钢铁制造法的专利，又买下了“焦炭洗涤还原法”的专利。他的这一做法不乏先见之明，否则，卡内基的钢铁事业就会在不久的大萧条中成为牺牲品。1873年，经济大萧条的境况不期而至。银行倒闭、证券交易所关门，各地的铁路工程支付款突然被中断，现场施工戛然而止，铁矿及煤矿相继歇业，匹兹堡的炉火也熄灭了。

这正是千载难逢的好机会，绝不可以失之交臂。在最困难的情况下，卡内基却反常人之道，打算建造一座钢铁制造厂。

1881年，卡内基与焦炭大王费里克达成协议，双方投资组建F·C佛里克焦炭公司，各持一半股份。同年，卡内基以他自己三家制铁企业为主体，联合许多小焦炭公司，成立了卡内基公司。

卡内基的成功则与他善于抓住有利时机密切相关。有人把自然给予的机遇称为运气，不管称谓如何，都有一点是绝对的，那就是善于利用机遇比怨天尤人更为有益。

拿破仑·希尔指出，机会到处都有，就看你是否抓得住。许多人抱怨没有机会，他们说他们之所以失败，是因为没有机会。事实上机会无处不在，就看你是否抓得住。那么如何抓住机会呢？抓住机会，就是尽量利用一切可以利用的机会采取行动，达到预期的目的，前提则是要善于发现机遇、捕捉机遇、充分利用机遇，实施自己的宏伟蓝图。

在人的成功中，时机的把握万分重要，在某种程度上可以决定你是否有所建树。抓住每一次的机会，哪怕那种机会只有万分之一。有这样一句俗谚："通往失败的路上，处处是错失了的机会。坐待幸运从前门进来的人，往往忽略了从后窗进入的机会。"

某个小村落，下了一场非常大的雨，洪水开始淹没全村，一位神父在教堂里祈祷，眼看洪水已经淹到他跪着的膝盖了。

一个救生员驾着舢板来到教堂，跟神父说："神父，赶快上来吧！不然洪水会把你淹死的。"

神父说："不！我深信上帝会来救我的，你先去救别人好了。"过了不久，洪水已经淹过神父的胸口了，神父只好勉强站在祭坛上。

这时，又有一个警察开着快艇过来，跟神父说："神父，快上来，不然你真的会被淹死。"

神父说："不，我要守住我的教堂，我相信上帝一定会来救我的。你还是先去救别人好了。"又过了一会儿，洪水已经把整个教堂淹没了，神父只好紧紧抓住教堂顶端的十字架。

一架直升机缓缓地飞过来，飞行员放下了绳梯之后大叫："神父，快上来，这是最后的机会了，我们可不愿意见到你被洪水淹死。"

神父还是意志坚定地说："不，我要守住我的教堂！上帝一定会来救我的。你还是先去救别人好了，上帝会与我同在的。"洪水滚滚而来，固执的神父终于被淹死了。

神父上了天堂，见到上帝后很生气地质问："主啊，我终生奉献给您，您为什么不肯救我？"

上帝说："我怎么不肯救你？第一次，我派了舢板去救你，你不要，我以为你担心舢板危险；第二次，我又派一只快艇去救你，你还是不要；第三次，我以国宾的礼仪待你，再派一架直升机去救你，结果你还是不愿意接受。所以，我以为你急着想要回到我的身边来，可以好好陪我。"

人在开始做事情之前要像千眼神那样审视时机，而在进行中要像千手神那样抓住时机，不错过身边的任何一次时机，直到达到成功。切不可像神父那样，不但丧失了机会，还丢了性命。这话说来简单，实践却难。

美国百货业巨子约翰·甘布说："不放弃任何一个哪怕只有万分之一可能的机会。"有人对此是不屑一顾，结果就让机会白白从身边溜掉了。所以说，要学会抓住机会，这是至关重要的。

有一个关于苹果的故事让人深思。

彼得死后见到了上帝。上帝对他在人间活了60多年而没有一点成绩很不满意。

彼得辩解道："是您没有给我机会呀。如果您让那个神奇的苹果砸在我的头上，我也会发现万有引力定律的，发现它的那个人就不会是牛顿了。"

上帝说："既然你这么说，好吧，我们就再试一次吧。"说着，上帝把时光倒回到几百年前的那个苹果园。

一个又红又大的苹果正好掉在彼得的头上，彼得拿过那个苹果吃掉了。上帝又一次让苹果掉在彼得的头上，结果，彼得还是把苹果吃掉了。上帝再次摇动苹果树，一个更大的苹果砸在彼得的头上，彼得大怒，把苹果狠狠地扔了出去："讨厌的苹果，砸得我的头好疼。"

苹果飞出去，正好落在了牛顿的头上，牛顿捡起苹果，豁然开朗，结果就发现了万有引力定律。

上帝不偏向任何一个人，对每个人都给过机会。每个人都拥有过恰当的时间和恰当的机会。聪明和愚笨的人的区别就在于：聪明人有一次机会就足够了；而愚笨的人，有一百次机会他也会擦肩而过，所以不要埋怨上帝。

第六篇　投入自然的怀抱

大自然赐给每个人以巨大的潜能

生活中最成功的人，总是对自己充满希望，面带笑容处理工作。每天清晨醒来，都以微笑迎接新的一天，不管遇到什么令人不快的事情，他都相信自己的能力，相信自己所拥有的无限潜能。

安东尼·罗宾曾讲过这样两个小故事：一位已被医生确定为残疾的美国人，名叫梅尔龙，靠轮椅代步已 12 年。他的身体原本很健康，19 岁那年，他赴越南打仗，被流弹打伤了背部的下半部分，被送回美国医治。经过治疗，他虽然逐渐康复，却无法行走了。他整天坐轮椅，觉得此生已经完结，有时就借酒消愁。有一天，他从酒馆出来，照常坐轮椅回家，却碰上 3 个劫匪，他们动手抢他的钱包。他拼命呐喊、拼命抵抗，却触怒了劫匪，他们竟然放火烧他的轮椅。轮椅突然着火，梅尔龙忘记了自己是残疾人，他拼命逃走，竟然一口气跑完了一条街。

事后，梅尔龙说："如果当时我不逃走，就必然被烧伤，甚至被烧死。我忘了一切，一跃而起，拼命逃跑，及至停下脚步，才发觉自己能够走动。”现在，梅尔龙已在奥马哈城找到一份工作，他身体健康，与正常人一样走动。

第二个故事是：一位农夫看着他 14 岁的儿子在开一辆卡车。突然间，农夫眼看着汽车翻到水沟里去，他大为惊慌，急忙跑到出事地点。他看到沟里有水，而他的儿子被压在车子下面，躺在那里，只有头的一部分露出水面。这位农夫并不很高大，他只有 170 厘米高、70 千克重。

但是他毫不犹豫地跳进水沟，把双手伸到车下，把车子抬了起来，直到另一位跑来救助的工人把那失去知觉的孩子从下面拽出来。

人们问起他是怎样把车抬起来的，农夫也觉得奇怪：“唉呀，刚才去抬车子的时候根本没有停下来想一想自己是不是抬得动。”由于好奇，他就再试了一次，结果他根本就动不了那辆车子。

专业人士解释说这是奇迹，人的身体机能对紧急状况产生反应时，肾上腺就大量分泌出激素，传到整个身体，产生出额外的能量。由此可见，一个人通常都有极大的潜在体力。

农夫在危急情况下产生一种超常的力量，并不仅是肉体反应，它还涉及心智即精神的力量。当他看到自己的儿子可能要淹死的时候，他的心智反应是要去救儿子，一心想着只要把压着儿子的卡车抬起来，没有其他的想法。可以说是精神上的肾上腺引发出潜在的力量。而如果情况需要更大的体力，心智状态就可以产生出更大的力量，即潜能。潜能是人类最大而又开发得最少的宝藏！无数事实和许多专家的研究成果告诉我们：每个人身上都有巨大的潜能还没有开发出来。美国学者詹姆斯根据其研究成果说：普通人只开发了他蕴藏能力的 1/10。任何成功者都不是天生的，成功的根本原因是开发了人的无穷无尽的潜能。

爱迪生小时候曾被学校教师认为是愚笨的孩子，可是，他在母亲的帮助下，经过独特的心脑潜能的开发，成为世界上最著名的发明大王，一生完成2000多种发明创造。这是人的潜能得到较好开发的一个典型。

爱迪生曾经说："如果我们做出所有我们能做的事情，毫无疑问会使我们自己大吃一惊。"

一天，一个喜欢冒险的男孩爬到父亲养鸡场附近的一座山上，发现了一个鹰巢。他从巢里拿了一只鹰蛋，带回养鸡场，把鹰蛋和鸡蛋混在一起，让一只母鸡来孵。孵出来的小鸡群里有了一只小鹰。小鹰和小鸡一起长大，因而它除了知道自己是小鸡外不知道自己还会是什么。起初它很满足，过着和鸡一样的生活。

但是当它逐渐长大的时候，它心里就有一种奇特不安的感觉。它不时想："我一定不仅是一只鸡！"只是它一直没有采取什么行动。直到有一天，一只了不起的老鹰翱翔在养鸡场的上空，小鹰感觉到自己的双翼有一股奇特的新力量，感觉胸膛里的心正猛烈地跳着。它抬头看着老鹰的时候，一种想法出现在心中："养鸡场不是我待的地方。我要飞上青天，栖息在山岩之上。"它从来没有飞过，但是它的内心里有着力量和天性。它展开了双翅，飞到一座矮山顶上。极为兴奋之下，它再飞到更高的山顶上，最后冲上了蓝天，到了高山的顶峰，它发现了伟大的自己。

大自然赐给每个人以巨大的潜能，但由于没有进行必要的训练，每个人的潜能从没得到过淋漓尽致的发挥；并非大多数人命里注定不能成为爱因斯坦式的人物，任何一个平凡的人都可以成就一番惊天动地的伟业。人人都是天才，至少天才身上的东西都可以在普通人身上找到萌芽。人体内确实具有比表现出来的要多许多的才气、更多的能力、更有效的机能。

二战期间，一艘美国驱逐舰停泊在某国的港湾，那天晚上万里无云，明月高照，一片宁静。一名士兵照例巡视全舰，他突然停步站立不动，因为他看到一个乌黑的大东西在不远的水上漂浮着。他惊骇地看出那是一枚触发式水雷，可能是从一处雷区脱离出来的，正随着退潮慢慢向着舰身中央漂来。他抓起舰内通信电话机，通知了值日官。而值日官马上快步跑来。他们也很快地通知了舰长，并且发出全舰戒备信号，全舰立时动员了起来。

官兵都愕然地注视着那枚慢慢漂近的水雷，大家都了解眼前的状况，灾难即将来临。军官立刻提出各种办法。他们该起锚走吗？不行，没有足够时间；发动引擎使水雷漂离开？不行，因为螺旋桨转动只会使水雷更快地漂向舰身；以枪炮引发水雷？也不行，因为那枚水雷太接近舰里面的弹药库。那么该怎么办呢？放下一只小艇，用一支长杆把水雷推走？这也不行。因为那是一枚触发式水雷，同时也没有时间去拆下水雷的雷管。悲剧似乎没有办法避免了。

突然，一名水兵想出了比所有军官所能想到的更好的办法。“把消防水管拿来！”他大喊着。大家立刻明白这个办法有道理。他们向艇和水雷之间的海面喷水，制造一条水流，把水雷带向远方，然后再用舰炮炸掉了水雷。

这位水兵真是了不起。他当然不凡——但是他却只是个凡人，不过他却具有在危机状况下冷静而正确思考的能力。我们每一个人的身体内部都有这种天赋的能力，也就是说，我们每一个人都有创造的潜能，只要你认为你行，你就能发挥出你的潜能，并且产生有效的行动。

爱因斯坦是20世纪举世公认的科学巨匠。他死后，科学家对他的大脑进行了研究。结果表明，他的大脑无论是体积、重量、构造或细胞组织，与同龄的其他任何人一样，没有区别。这充分说明，爱因斯坦成功的“秘诀”并不在于他的大脑与众不同，用他生前自己的话说，在于超越平常人的勤奋和努力以及为科学事业忘我牺牲的精神。

每个人的身上也都蕴藏着一份特殊的才能，那份才能犹如一位熟睡的巨人，等着我们去唤醒它，而这个巨人即潜能。只要我们能将潜能发挥得当，我们也能成为爱因斯坦，也能成为爱迪生。只要我们相信自己，相信自己的潜能，我们就能有所成就，就能获得事业的成功。

不以物喜与己悲

“不以物喜，不以己悲。”范仲淹在《岳阳楼记》中的这个名句，在今天人们的成功立志之中，仍然还有着重要的指导作用。

此句可以引申理解为：不因为外界的环境遭遇而改变自己的心境而或喜或悲，也不因为自己的缺点遗憾而自卑彷徨找不到人生方向。在某种条件下使用该名句，对自己也是一种激励。

有舍才有得，切莫把得失看得太重。荣誉也好，称赞也好，只是一种过眼云烟，一切荣誉真的只是镜中花、水中月，这样你就不会太患得患失了。人活着，就图个快乐，也算是不以物喜了。

历览古今，抱定“不以物喜，不以己悲”这样一种生活信念的人，最终都实现了人生的突围和超越。

日前，影星李连杰来四川大学演讲，他先是夸奖“川大”云集了中国最优秀的人才，继而又话锋一转，称“川大”学子也是最草包的。一褒一贬，学子们不知道功夫皇帝葫芦里卖的究竟是什么药。

李连杰解释说："我夸奖你们，你们会很开心，我批评你们，你们也会很失落，但重要的是，我要你们对自己有清醒的认识，不要被外人的话语影响自己的心境，进而夸大和否定自己。"这也就是"不以物喜，不以己悲"之意。

人如果不能够达到这个境界，总是患得患失，常衡量放弃与拥有，是一件痛苦之事，很难做到最好。

一个中国学生，由于小学成绩优秀，他考上了县城的中学。他发现自己再不能像在小学时那样稳拿第一了，于是产生了偏见：比自己成绩好的同学原来都有六棱好铅笔，自己却没有，天道不公啊！好歹这没有影响他的学习，经过几年的苦读，他居然又成为县中学的第一了。而他又觉得：人与人之间还是不平等的，为什么自己没有好钢笔呢？

中学毕业后，他考上了北京的某所大学，可好景不长，他的学习成绩连中等也保不住了。看到城里的同学是好铅笔成堆、好钢笔成把，早上蛋糕牛奶、晚上香茶水果，还是心里不平衡。但是，他仍然继续努力学习。

几年后，他留学到美国，亲眼看到了五光十色的西方世界，所有的嫉妒、自卑、怨恨却忽然一扫而光了。他终于明白了，原来自己选取的比较标准发生了变化，看到的不再是自己的同学、同事和邻居，而是整个世界。

对于我们身边的有些事物，我们无法控制，但我们却能控制自己。不管以后的结果如何，最起码在奋斗过程中我们的头脑是清醒的、心态是上进的、情绪是乐观的，这就足够了。

有一位勤劳的农民，从自己的菜园中收获了一个大南瓜，他又惊又喜，便把这个南瓜献给了国王。国王很高兴，赐给农民一匹骏马。

农民也十分高兴。不几天，他又献匹骏马给国王，心想：一个南瓜就能得到一匹骏马，如果献一匹骏马，国王会赐给我多少金银珠宝或美女呢?

国王同样很高兴，但是，并没有奖赏那人美女，而是奖赏他普通的布匹而已。结果，那个农民很失望。

不同的环境，造就不同的心态。只要恢复直率之心、平常之心，彻底地顺从自然，一切就唾手可得了。

嫉妒是毒药

在古代，摩伽陀国有一位国王饲养了一群象。象群中，有一头象长得很特殊，全身白皙，毛柔细光滑。后来，国王将这头象交给一位驯象师照顾。这位驯象师不仅照顾它的生活起居，也很用心教它。这头白象十分聪明、善解人意，一段时间之后，他们已建立了良好的默契。

这一年，这个国家举行一个大庆典。国王就在一些官员的陪同下，骑着白象进城看庆典。由于这头白象实在太漂亮了，民众都围拢过来，一边赞叹、一边高喊着："象王！象王！"这时，骑在象背上的国王，觉得所有的光彩都被这头白象抢走了，心里十分生气、嫉妒。他很快地绕了一圈后，就不悦地返回王宫。一入王宫，他问驯象师："这头白象，有没有什么特殊的技艺？"

驯象师："不知道。国王您指的是哪方面？"

国王说："它能不能在悬崖边展现它的技艺呢？"

驯象师说："应该可以。"

国王就说："好。那明天就让它在波罗奈国和摩伽陀国相邻的悬崖上表演。"

隔天，驯象师如约把白象带到那处悬崖。国王就说："这头白象能以三只脚站立在悬崖边吗？"

驯象师说："这简单。"他骑上象背，对白象说："来，用三只脚站立。"果然，白象立刻就缩起一只脚。

国王又说："它能两脚悬空，只用两脚站立吗？"

"可以。"驯象师就叫它缩起两脚，白象很听话地照做。

国王接着又说："它能不能三脚悬空，只用一脚站立？"

驯象师一听，明白国王存心要置白象于死地，就对白象说："你这次要小心一点，缩起三只脚，用一只脚站立。"白象也很谨慎地照做。围观的民众看了，热烈地为白象鼓掌、喝彩。

国王愈看，心里愈不平衡，就对驯象师说："它能把后脚也缩起，全身悬空吗？"

这时，驯象师悄悄地对白象说："国王存心要你的命，我们在这里会很危险，你就腾空飞到对面的悬崖吧。"不可思议的是，这头白象竟然真的把后脚悬空飞起来，载着驯象师飞越悬崖，进入波罗奈国。

波罗奈国的人民看到白象飞来，全城都欢呼了起来。国王很高兴地问驯象师："你从哪儿来？为何会骑着白象来到我的国家？"驯象师便将经过一一告诉国王。国王听完之后，叹道："人为何要与一头象计较呢？"

结果，摩伽陀国王什么也没有得到。

人，一定要有一颗平静和睦的心，切不可心怀嫉妒。

俗话说："己欲立而立人，己欲达而达人。"别人有所成就，我们不要心存嫉妒，应该平静地看待别人所取得的成功，这是拥有幸福人生的秘诀。千万不要被嫉妒心冲昏了头脑，那样，最后受损害的是自己。

拜伦说过："爱我的我报以叹息，恨我的我置之一笑。"他的这"一笑"，就是对嫉妒者的最妙的回答，让心灵安详而平和。

不要嫉妒、羡慕别人，你嫉妒别人的生活比你快乐，认为他的日子过得比你好。其实，在你羡慕别人美丽花园的时候，你已拥有自己的乐土，只要你用心耕耘，你眼前的这片花圃，终会有花团锦簇、香气四溢的一天。

在河的两岸，分别住着一个和尚与一个农夫。和尚每天看着农夫日出而作、日落而息，生活看起来非常充实，令他相当羡慕。而农夫也在对岸看见和尚每天都是无忧无虑地诵经、敲钟，生活十分轻松，令他非常向往。因此，在他们的心中产生了一个共同念头："真想到对岸去，换个新生活。"

有一天，他们碰巧见面了，两人商谈一番，并达成交换身份的协议，农夫变成和尚，而和尚则变成农夫。

当农夫来到和尚的生活环境后，这才发现，和尚的日子一点也不好过，那种敲钟、诵经的工作，看起来很悠闲，事实上却非常繁琐，每个步骤都不能遗漏。更重要的是，僧侣刻板单调的生活非常枯燥乏味，虽然悠闲，却让他觉得无所适从。

于是，成为和尚的农夫，每天敲钟、诵经之余都坐在岸边，羡慕地看着在彼岸快乐工作的其他农夫。至于做了农夫的和尚，重返尘世后，痛苦比农夫还要多，面对俗世的烦忧、辛劳与困惑，他非常怀念当和尚的日子。

因而他也和农夫一样，每天坐在岸边，羡慕地看着对岸步履缓慢的其他和尚，并静静地聆听彼岸传来的诵经声。

这时，在他们的心中，同时响起了另一个声音：“回去吧！那里才是真正适合我的生活。”

我们经常听见朋友间的抱怨：谁的生活过得比自己好，谁挣的钱比自己多。但是，你怎么知道朋友的生活过得有多好？

即使对方比你好，那也是人家辛苦工作换来的。只看得见成功者的笑容，却看不见他们奋斗的过程中曾经流下的眼泪。所以，不要看别人，不必嫉妒他人。嫉妒是一种卑下的情感，嫉妒会使人失去理智，甚至造成不可估量的损失。而对于嫉妒者的中伤，最妙的回击是置之一笑。

嫉妒使人心中充满恶意、伤害。如果一个人在生活中产生了嫉妒情绪，那么他就从此生活在阴暗的角落里，不能在阳光下光明磊落地说和做，而是面对别人的成功或优势咬牙切齿，恨得心痛。嫉妒的人首先伤害的是自己，因为他把时间、精力和生命不是放在人生的积极进取上，而是放在日复一日的蹉跎之中。嫉妒同时也会使人变得消沉，或是充满仇恨；如果一个人心中变得消沉或是充满仇恨，那么他距离成功也就越来越遥远。

恢复那颗平常之心

生命薄如蝉翼，存在就该满足。这是有一定道理的。人要以宁静的心态善待一切，要有一颗平常之心，要“像一个凡人那样活着，像一个诗人那样体验，像一个哲人那样思考”。

从前，有一位很有才华的青年诗人写了许多诗篇，可是他却很苦恼。因为喜欢他的诗的人并不多，他的才华并没有得到众人的认可。

难道是自己的诗写得不好吗？青年诗人向来不怀疑自己在这方面的才华。于是，他去向父亲的朋友——一位学识渊博的老钟表匠请教。

老钟表匠听了他的讲述之后，什么也没说，把他领到一间小屋里，里面陈列着各色各样的名贵钟表。这些钟表，青年诗人从来没有见过。有的外形像飞禽走兽，有的会发出鸟叫声，有的能奏出美妙的音乐……老人从柜子里拿出一个小盒，把它打开，取出一只式样特别精美的金壳怀表。这只怀表不仅式样精美，更新奇的是：它不仅能清楚地显示出星象的运行、大海的潮汛，而且还能准确地表明月份和日期。

这简直是一只“魔表”，世上到哪儿去寻找这样的“宝贝”呀！青年诗人爱不释手。他很想买下这个“宝贝”，便开口问表的价钱。老人微笑了一下，只要求用这个“宝贝”，换下青年手腕上的那只普普通通的表。

青年诗人对换来的这块“宝贝”真是珍爱至极，吃饭、走路、睡觉都戴着它。可是，过了一段时间后，他逐渐对这块表不满意起来，最后竟跑到老钟表匠那儿要求换回自己原来的那块普通的手表。

老钟表匠故作惊奇，问他：“对这样珍贵的怀表为什么还感到不满意？”

青年诗人遗憾地说：“它不会指示时间，可表本来就是用来指示时间的。我戴着它不知道时间，要它还有什么用处呢？有谁会来问我星象的运行和大海的潮汛呢？这表确实是值得您收藏的稀世珍宝，但对我掌握时间而言，实在是没有什么实际用处。”

老钟表匠还是微微一笑，把表往桌上一放，拿起了这位青年诗人的诗集，意味深长地说：“孩子，努力干好你自己的事，你就是幸福的。”

世上有很多无奈苦恼的事，我们很难摆脱；世上有太多的忙碌紧张，我们无法逃避。我们的内心受名利的挤压，一天到晚就像陀螺一样转个不停，因而时时感到焦躁不安，心灵的安宁被物质和欲望所奴役，心态的失衡使人生走向悲哀无助。这样，拥有一颗平常心就愈加显得珍贵了。

日本学者铃木大拙说：“井边的牵牛花缠住我的木桶，我借水喝。”

为了珍惜一颗弱小的生命，宁愿去借水喝，如果没有一颗悲悯的平常心，是难以做到的。平常心是一种境界，在达到这种境界之前，心路常常有极为坎坷的历程。

有人问慧海禅师："禅师，你可有什么与众不同的地方？"

慧海答道："有。"

"是什么呢？"

慧海答道："我感觉饿的时候就吃饭，感觉疲倦的时候就睡觉。"

"这算什么与众不同的地方，每个人都是这样的，有什么区别呢？"

慧海答道："当然不一样！"

"为什么不一样呢？"

慧海答："他们吃饭时总是想着别的事情，不专心吃饭；他们睡觉时也总是做梦，睡不安稳。而我吃饭只是吃饭，什么也不想；我睡觉的时候从来不做梦，所以睡得安稳。这就是我与众不同的地方。"

慧海禅师继续说道："世人很难做到一心一用，他们在利害得失中穿梭，囿于浮华的宠辱，产生了'种种思量'和'千般妄想'。他们在生命的表层停留不前，这是他们生命中最大的障碍，他们因此迷失自己，丧失了'平常心'。要知道，只有将心灵融入世界，用心去感受生命，才能找到生命的真谛。"

如果一个人能放下急功近利的浮躁，顺应自然之道，抱着互惠互利的原则，与周边环境协调发展；而不是片面地急于从别人那里索取利益和关注，他就不会在快速多变的竞争环境中患得患失。

美国的两位饮料界巨人——可口可乐与百事可乐，从 1902 年百事可乐问世以来，彼此缠斗了68年。因为前者比后者先上市了13年，所以后者几十年来一直处于挨打的地位。到了20世纪50年代，可口可乐仍以2: 1的市场份额优势领先百事可乐；然而到了20世纪80年代，双方的差距有限，可谓势均力敌，彼此厮杀得非常激烈。

在这短兵相接的市场争夺战里，百事可乐总裁罗杰·恩可总是拿两个和尚过河的故事来惕勉自己。

有两个和尚决定从一座庙走到另一座庙，他们走了一段路之后，遇到了一条河，由于一阵暴雨，河上的桥被冲走了，但河水已退，他们知道可以涉水而过。

这时，一位漂亮的妇人正好走到河边。她说有急事必须过河，但她怕被河水冲走。

第一个和尚立刻背起妇人，涉水过河，把她安全送到对岸。第二个和尚接着也顺利渡河。

两个和尚默不作声地走了好几里路。

第二个和尚突然对第一个和尚说："我们和尚是绝对不能近女色的，刚才你为何犯戒背那妇人过河呢？"

第一个和尚回答："我在好几里路之前就把她放下来了，可是我看你到现在还背着她呢。"

诸葛亮曰："淡泊以明志，宁静以致远。"淡然面对人间是是非非，保持心灵宁静的同时，有时能把事做得更多更好，因为他心无滞碍，自然能发挥出全部潜力。综观古今中外，真正的成功者都是那些能以平常心驾驭雄心烈马的人。

随遇而安

一个老妈妈有两个女儿，大女儿嫁给了伞匠，小女儿嫁给了陶匠。

有一天，她去嫁给伞匠的大女儿家，问大女儿近况如何。大女儿说一切都很顺利，但有一件事要麻烦妈妈，那就是希望妈妈向上帝祷告，祈祷天天能下雨，让雨伞能卖得更好。

不久之后，她又到嫁给陶匠的小女儿家，问小女儿的生活如何。小女儿说一切都很如意，但有一件事要麻烦妈妈，那就是希望妈妈向上帝祷告，祈祷天天阳光普照，让陶器更快地晒干。

老妈妈十分为难地说："手心手背都是肉，两个女儿一样疼。大女儿盼望下雨，小女儿盼望晴天，我到底该为谁祈祷才好呢？"

老妈妈的邻居听说了此事，笑着对老妈妈说："你何必在两难的局面里忧愁呢？我们这里四季分明，既不旱又不涝。下雨的时候，那是上苍正眷顾着你的大女儿；而出太阳的时候，那是上苍正善待着你的小女儿。不管是雨天还是晴天，上苍始终都在轮流而公道地关照着你的两个女儿，现在她们不是都很好吗？那你还担心什么呢？”

老妈妈自己觉得也是这个道理，但仍是不开心，每天照样为两个女儿担心着。

一个朋友的母亲，乘船到大连，途中遇到暴风雨，船上的很多人都惊慌失措，而老太太却非常平静。

等到风浪过去，全船脱离了险境，有人好奇地问这老太太："您为什么一点都不害怕？"

老太太回答："我有两个儿子，大儿子已经被上帝接走，回到天国；二儿子住在大连。刚才风浪大作的时候，我就向上帝祷告：如果接我回天国，我就去看大儿子；如果留住我的性命，我就去看二儿子。不管去哪里都一样，都可以同最心爱的儿子在一起，我怎么会害怕呢？"

两个老人的心态是一个鲜明的对比。前一个老人是悲观的，后一个老人是乐观的；前一个老人提心吊胆，而后一个老人却随遇而安。

祸兮福所倚，福兮祸所伏。我们常常左右不了未来的一切，但是，我们可以把握住现在的状态。

我的一个亲戚是一个应征入伍的男青年，结果被分配到最艰苦的兵种——工程兵。离家前的半个月，青年为此整日忧心忡忡，几乎到了茶不思、饭不想的地步。他的祖父见到自己的孙子一天一天瘦下去，便循循善诱地开导他。

祖父说："孩子啊，你没什么好忧愁的，到了那里，你有两个可能：一个是干内勤，另一个是干外勤。如果你被分配到内勤单位，也就没有什么好忧愁的了！”

青年问道：“那，若是被分配到外勤单位呢？”

祖父说：“那还是有两个可能：一个是留在本土，另一个是分配到国外。如果你被分配在本土，也不用担心呀！”

青年问：“那么若是遇上意外事故呢？”

祖父说：“那还是有两个可能：一个是受轻伤，可能送回老家；另一个是受了重伤，可能不治。如果你受了轻伤，送回本土，也不用担心呀！”

青年最恐惧的情况来了，他颤声问：“那……若是遇上后者呢？”

祖父笑道：“若是遇上那种情况，你人都死了，还有什么好忧愁的呢？忧愁的应该是我，那种白发人送黑发人的痛苦场面，可不是好玩儿的哦！”

最后，祖父语重心长地说：“孩子，忧愁是一把无形的匕首，它会损害你的精神，也会损害你的身体。不要多想，只要你现在觉得好就行，人活在当下是最幸福的。”

人几乎都不知道自己以后该做些什么，会发生什么事情，所以对未来总是有一种担忧。

未来的得与失取决于对当下的把握。只有抓住眼前的一切，才会有未来的拥有。人活在当下是最幸福的。

有一个3只钟的故事给我们启迪。

一只新组装好的小钟放在了两只旧钟当中。两只旧钟“嘀嗒”“嘀嗒”一分一秒地走着。其中一只旧钟对小钟说：“来吧，你也该工作了。可是我有点担心，你走完3200万次以后，恐怕便吃不消了。”

“天呐！3200 万次。”小钟吃惊不已，“要我做这么大的事？办不到，办不到。”

另一只旧钟说：“别听它胡说八道。不用害怕，你只要每秒嘀嗒摆一下就行了。”

“天下哪有这样简单的事情？”小钟将信将疑，“如果这样，我就试试吧。”

小钟很轻松地每秒钟“嘀嗒”摆一下，不知不觉中，一年过去了，它摆了 3200 万次。

有些事情似乎远在天边遥不可及，其实，我们不必想以后的事，一年甚至一月之后的事，只要想着今天我要做些什么，然后努力去完成，喜悦就会浸润我们的生命。所以，在人生里，既要努力奋斗积极争取，也要随遇而安知足常乐。有些东西越处心积虑、越刻意追求，越得不到；有些东西顺其自然、随遇而安，反倒会得到。

顺应自然规律

现在人的一切活动都与自然息息相关，自然规律的运动变化，无时无刻都影响着人的行为。只有当人的行为顺应自然规律，才能取得成功。否则就是蛮干和盲动，不管付出多少努力，都会失败。

所谓"瓜熟蒂落，水到渠成"。而"拔苗助长"却只能失败。

从前，有一座寺庙，每天都有许多人上香拜佛，香火很旺。在寺庙前的横梁上有只蜘蛛结了张网，由于每天都受到香火和虔诚的祭拜的熏陶，蜘蛛便有了佛性。又经过了一千多年的修炼，蜘蛛的佛性更是增加了不少。

忽然有一天，佛祖光临了寺庙，看见这里香火甚旺，十分高兴。离开寺庙的时候，他不经意地抬头，看见了横梁上的蜘蛛。佛祖停下来，问这只蜘蛛："你我相见总算是有缘，我来问你个问题，看你修炼了这一千多年，有什么真知灼见。我问你世间什么才是最珍贵的？”蜘蛛想了想，回答道：“世间最珍贵的是‘得不到’和‘已失去’。”

佛祖点了点头，离开了。

就这样又过了一千年的光景，蜘蛛依旧在寺庙的横梁上修炼，它的佛性大增。有一天，刮起了大风，风将一滴甘露吹到了蜘蛛网上。蜘蛛望着甘露，顿生喜爱之意。蜘蛛每天看着甘露很开心，它觉得这是三千年来最开心的几天。突然，刮起了一阵大风，将甘露吹走了。蜘蛛一下子觉得失去了什么，感到寂寞和难过。

这时佛祖又来了，问蜘蛛：“这一千年，你可曾好好想过世间什么才是最珍贵的？”

蜘蛛想到了甘露，对佛祖说：“世间最珍贵的仍然是‘得不到’和‘已失去’。”

佛祖说：“好，既然你有这样的认识，我就让你到人间走一遭吧。”就这样，蜘蛛投胎到了一个官宦家庭，成了一个富家小姐，父母为她取了个名字叫蛛儿。一晃，蛛儿到了16岁，已经成了个婀娜多姿的少女，楚楚动人。

这一日，皇帝决定在后花园为新科状元郎甘鹿举行庆功宴。席间来了许多妙龄少女，包括蛛儿，还有皇帝的小公主长风公主。状元郎在席间表演诗词歌赋，大献才艺，在场的少女无一不被他倾倒，但蛛儿一点也不紧张和吃醋，因为她知道这是佛祖赐予她的姻缘。

蛛儿对甘鹿说：“你难道不曾记得16年前，圆音寺的蜘蛛网上的事情了吗？”

甘鹿很诧异，说并不知道什么蜘蛛网的事。

蛛儿心想：“佛祖既然安排了这场姻缘，为何不让他记得那件事，甘鹿为何对我没有一点感觉？”

几天后，皇帝下诏，命新科状元甘鹿和长风公主完婚；蛛儿和太子芝完婚。这一消息对蛛儿如同晴空霹雳，她怎么也想不通，佛祖竟然这样对她。她不吃不喝，生命危在旦夕。太子芝知道了，急忙赶来，扑倒在床边，对奄奄一息的蛛儿说道："那日，在后花园众姑娘中，我对你一见钟情，我苦求父皇，他才答应。如果你死了，那么我也就不活了。"说着就拿起了宝剑准备自刎。

就在这时，佛祖来了，他对快要出壳的蛛儿灵魂说："蜘蛛，你可曾想过，甘露（甘鹿）是由谁带到你这里来的呢？是风（长风公主）带来的，最后也是风将它带走的。甘鹿是属于长风公主的，他对你不过是生命中的一段插曲。而太子芝是当年寺庙门前的一棵小树，他看了你三千年，爱慕了你三千年，所以今生你俩结为夫妻。"

蜘蛛听了这些真相之后，一下子大彻大悟，这一切都是自然的安排。她的灵魂回位了，睁开眼睛，看到正要自刎的太子芝，她马上打落宝剑，和太子紧紧地拥抱在一起。从此，他们过着幸福的生活。

无论是爱情，还是某一项事业，常常会遭受失败，其根本原因在于它们不能遵循自然规律，人与自然是对立统一的，承受着自然界作用的人，并非单纯消极地适应自然规律，而是可以去把握和利用自然规律。

人有其自己的发展规律，自然也有它自身的运动规律。而大自然的规律，包括人类的规律及人与自然互动的规律，所以，对人来说，必须遵循自然的发展规律，才利于生存。